CONVERTIDORES DC/DC SIN AISLAMIENTO GALVÁNICO

EDITORIAL
UNIVERSIDAD DE SEVILLA

Leopoldo G. Franquelo
Jose I. León
Sergio Vázquez
Abraham M. Alcaide

CONVERTIDORES DC/DC SIN AISLAMIENTO GALVÁNICO

Análisis teórico y problemas resueltos

EDITORIAL
UNIVERSIDAD DE SEVILLA

Escuela Técnica Superior de
INGENIERÍA DE SEVILLA

SEVILLA 2025

Colección: Monografías de la Escuela Técnica Superior de Ingeniería
de la Universidad de Sevilla

Núm.: 30

Motivo de cubierta: Intervalos de funcionamiento del convertidor elevador
en MCD.

© Editorial Universidad de Sevilla 2025
C/ Porvenir, 27 - 41013 Sevilla.
Tlfs.: 954 487 447; 954 487 451
Correo electrónico: info-eus@us.es
Web: https://editorial.us.es

© Leopoldo G. Franquelo, Jose I. León
Sergio Vázquez y Abraham M. Alcaide 2025

Impreso en papel ecológico
Impreso en España-Printed in Spain

ISBN 978-84-472-2742-6
Depósito Legal: SE 827-2025

Diseño de cubierta: Santi García Hernández
Diseño de maquetación: Francisco Javier Payán Somet
Maquetación: autores
Impresión: Podiprint

A nuestras familias
A nuestros maestros

Resumen

Este documento tiene como fin sentar las bases para el análisis de varias topologías de convertidores de potencia dc/dc. Este trabajo tiene un objetivo académico para servir como apoyo para el estudio de este tipo de convertidores de potencia a futuros alumnos que tengan que cursar materias que incluyan estos convertidores dentro de sus contenidos. Así, se incluyen en este libro los análisis de los convertidores tipo elevador, reductor, reductor-elevador, Ćuk y bidireccional.

Además de los análisis teóricos de las topologías de convertidores dc/dc más convencionales, se incluyen en el documento una serie de problemas, muchos de ellos realizados en exámenes oficiales de años anteriores de la asignatura de Electrónica de Potencia de tercer curso del Grado en Ingeniería de Tecnologías Industriales y del Grado en Ingeniería Electrónica, Robótica y Mecatrónica, resueltos con la metodología indicada en los análisis teóricos de los convertidores.

Se pretende con ello dar a conocer al alumno cómo abordar la resolución de problemas de una manera sencilla y comprensible una vez entendidos todos los conceptos incluidos en los análisis teóricos.

Índice

1 Consideraciones Iniciales

En este libro se analiza el funcionamiento de las topologías más convencionales de convertidores de potencia de tipo dc/dc. La función de estos convertidores es, dada una tensión de continua de entrada, adaptarla gracias a una serie de componentes pasivos y activos para proporcionar otra tensión de continua a la salida.

Como consideración inicial, es importante indicar que los convertidores dc/dc basan su funcionamiento en una operación síncrona periódica de forma que se considera un periodo de trabajo T. El funcionamiento de los convertidores dc/dc es tal que, durante un intervalo de tiempo dentro del periodo de trabajo, el semiconductor de potencia se comporta como un interruptor que está cerrado, es decir, que permite la circulación de corriente de colector a emisor (o de drenador a fuente) pudiéndose modelar como un cortocircuito. Por otro lado, durante el resto del tiempo del periodo de trabajo, el semiconductor de potencia estará cortado comportándose como un circuito abierto y no dejando circular corriente a través de él. Sabiendo esto, se puede definir el ciclo de trabajo o duty cycle D de un convertidor dc/dc como la fracción de tiempo del periodo de trabajo T expresado en por unidad en la que el semiconductor de potencia está en estado de conducción, o en modo ON. Es decir:

$$D = \frac{t_{on}}{T} \in [0,1].$$ (1.1)

donde t_{on} es el tiempo que el semiconductor de potencia está conduciendo cada periodo de trabajo T. Para cada topología de convertidor dc/dc existirá una expresión matemática que relacione la tensión de entrada con la tensión de salida del convertidor en función del parámetro D.

Además de todo lo comentado anteriormente, antes de comenzar el análisis de los convertidores dc/dc, se realizarán las siguientes suposiciones iniciales:

1. El convertidor dc/dc estará funcionando en régimen permanente. Por tanto, se debe cumplir que las formas de onda de las tensiones y corrientes características del circuito deben ser periódicas. En este caso, como la tensión de un condensador no puede variar instantáneamente su valor (ya que provocaría una sobrecorriente), la tensión inicial y final de un condensador en un periodo de trabajo T debe tener el mismo valor. De forma dual, lo mismo ocurrirá con el valor de la corriente que circula por una bobina, debiéndose cumplir que la corriente de la bobina en un periodo de trabajo T debe coincidir. Matemáticamente, esto se puede expresar en las siguientes ecuaciones de obligado cumplimiento:

$$V_L = \frac{1}{T} \int_0^T v_L dt = 0,$$
$$I_c = \frac{1}{T} \int_0^T i_c dt = 0. \tag{1.2}$$

2. Todos los componentes del circuito se consideran totalmente ideales. Al hacer esto, por ejemplo, los semiconductores de potencia se comportarán como interruptores totalmente ideales considerando despreciables las caídas de tensión que aparecen cuando los semiconductores están en estado de conducción, así como eliminando las dinámicas de corriente en el instante de conmutación. Por tanto, se están despreciando las pérdidas por conducción y conmutación del convertidor.

3. La tensión de salida del convertidor v_o es prácticamente constante con lo que la corriente i_o también lo es (al considerarse una carga puramente resistiva). Esto no es realmente así ya que tanto v_o como i_o presentan un rizado que depende del valor de los componentes pasivos así como de la operación del convertidor. En todo caso, se considerará que este rizado de las formas de onda de salida es pequeño en comparación con el valor medio de las señales.

Además, es importante indicar que para todas las topologías de convertidores dc/dc deberá cumplirse el denominado balance de potencia, que no es más que considerar que la potencia media suministrada por la fuente de entrada P_s ha de ser igual a la potencia media consumida en la carga P_o, teniendo en cuenta que todos los elementos del circuito se han considerado ideales. Ambas potencias medias se pueden calcular del siguiente modo:

$$P_s = \frac{1}{T} \int_0^T V_d i_s dt = V_d I_s,$$

$$P_o = \frac{1}{T} \int_0^T v_o i_o dt = V_o I_o. \tag{1.3}$$

suponiendo que V_d e i_s son la tensión de entrada y la corriente que circula por la fuente de entrada, y v_o e i_o son la tensión y corriente en la carga del convertidor.

Igualando ambas potencias medias, se obtiene que:

$$V_d I_s = V_o I_o. \tag{1.4}$$

Por último, es importante indicar que la ecuación (1.4) deberá cumplirse siempre que el convertidor esté operando en régimen permanente en cualquier modo de operación del convertidor.

Nota acerca de la notación: Durante todo el libro, se seguirá una notación específica para describir las variables del convertidor. Se usan las letras minúsculas para describir el valor instantáneo de una variable. Si por el contrario se usan letras mayúsculas para describir una variable, dicha variable describe un valor medio dentro de un periodo de trabajo T.

2 Convertidor Elevador

2.1 Introducción

En este capítulo se realizará el análisis del convertidor dc/dc de tipo elevador, que como su propio nombre indica, es un convertidor de potencia que se emplea para elevar la tensión, de tal forma que dada una tensión a la entrada la incrementará para ofrecer una mayor tensión en la salida. Este convertidor es de gran utilidad en un amplísimo abanico de aplicaciones industriales tales como sistemas de automoción, fuentes de alimentación conmutadas, sistemas electrónicos de consumo, accionamiento de motores, integración de energías renovables y recarga rápida de vehículos eléctricos entre otros muchos sistemas eléctricos presentes en la actualidad [1]. El esquema del convertidor elevador se muestra en la fig. 2.1, donde se observa que en el circuito hay varios elementos: una bobina con inductancia L, un semiconductor de potencia cuyo estado de conducción se gestiona gracias a una señal de disparo S, un diodo, un condensador con capacitancia C, y una resistencia R que emula la carga conectada al convertidor.

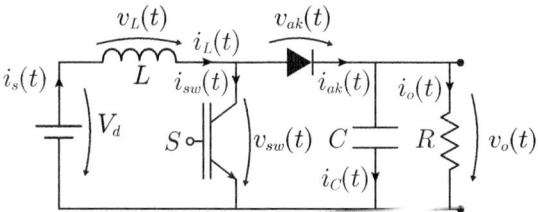

Figura 2.1 Esquema del convertidor elevador.

2.2 Modo de Conducción Continua

Se va a realizar un primer análisis suponiendo que el convertidor se encuentra en Modo de Conducción Continua (MCC), modo de operación del convertidor donde la intensidad que circula por la bobina nunca se llega a anular.

Para realizar el análisis del convertidor es necesario diferenciar dos tramos o intervalos de funcionamiento, uno en el que el semiconductor de potencia se encuentra en estado de conducción (ON), el cual se denominará intervalo de conducción; y otro en el que el semiconductor de potencia está cortado (OFF), el denominado intervalo de no conducción. Según el intervalo de operación, el circuito a analizar será distinto, tal y como se observa en la fig. 2.2. Como se observa, el circuito de la fig. 2.2a corresponde al intervalo de conducción, en el que el interruptor de potencia está en conducción, mientras que el diodo se encuentra en polarización inversa estando cortado. Por otro lado, el circuito de la fig. 2.2b corresponde al intervalo de no conducción, en el que el semiconductor está en estado de corte. Debido a ello, el diodo se encuentra en polarización directa dejando pasar la corriente a través de él hacia la carga.

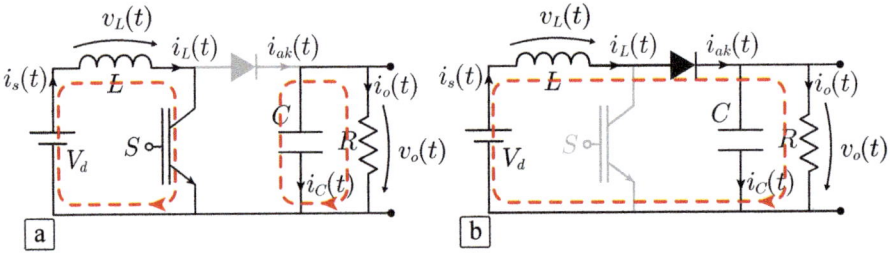

Figura 2.2 Intervalos de funcionamiento del convertidor elevador en MCC.

2.2.1 Análisis del intervalo de conducción

Si se empieza analizando el circuito en el intervalo de conducción mostrado en la fig. 2.2a, se obtienen las siguientes expresiones sin más que aplicar las leyes de Kirchoff:

$$v_L = V_d \tag{2.1}$$

$$i_C = -i_o \tag{2.2}$$

$$i_s = i_L \tag{2.3}$$

$$v_{ak} = -v_o \tag{2.4}$$

Se observa que efectivamente el diodo está cortado al presentar una tensión ánodo-cátodo negativa. Por otro lado, las ecuaciones que gobiernan el comportamiento de una bobina son las siguientes:

$$v_L = L\frac{di_L}{dt} \tag{2.5}$$

$$i_L = \int \frac{v_L}{L}dt \tag{2.6}$$

Haciendo uso de las ecuaciones (2.1) y (2.6), se llega a la conclusión de que la expresión de la corriente por la bobina en este primer intervalo del circuito en MCC es la siguiente:

$$i_L = \int \frac{v_L}{L}dt = \int \frac{V_d}{L}dt = \frac{V_d}{L}t + i_L^{min} \tag{2.7}$$

Como se observa, la ecuación (2.7) nos indica que la corriente que circula por la bobina es una recta con pendiente positiva $m_1 = V_d/L$, partiendo de un valor inicial de corriente igual a i_L^{min}.

Por otro lado, según la ecuación (2.2), la corriente por el condensador será negativa y constante asumiendo que el rizado de tensión de salida (y por lo tanto el rizado de la corriente en la carga) es muy pequeño comparado con su valor medio.

2.2.2   Análisis del intervalo de no conducción

Las ecuaciones que definen el comportamiento del circuito en el intervalo de no conducción en MCC representado en la fig. 2.2b, son las siguientes expresiones:

$$v_L = V_d - v_o \tag{2.8}$$

$$i_L = i_{ak} = i_C + i_o \tag{2.9}$$

$$i_s = i_L \tag{2.10}$$

Haciendo uso de las ecuaciones (2.6) y (2.8), se obtiene que la expresión de la corriente por la bobina en este intervalo es:

$$i_L = \int \frac{v_L}{L} dt = \int \frac{V_d - v_o}{L} dt = \frac{V_d - v_o}{L} t + i_L^{max} \tag{2.11}$$

La ecuación (2.11) indica que la corriente por la bobina durante este intervalo es una recta con pendiente $m_2 = (V_d - v_o)/L$. Esta pendiente m_2 debe ser necesariamente negativa. Esto se puede asegurar al recordar que se asume que el convertidor dc/dc se encuentra en régimen permanente y que la corriente en la bobina no puede cambiar instantáneamente su valor. Por tanto, la corriente por la bobina al terminar el intervalo de no conducción debe ser igual a la corriente inicial de la bobina en el intervalo de conducción. Por tanto, al cumplirse en el intervalo de conducción que la corriente por la bobina era creciente, en el intervalo de no conducción debe ser una corriente decreciente, forzándose entonces a que la pendiente m_2 sea negativa. Por tanto se debe cumplir que $(V_d - v_o) < 0$, llegándose necesariamente a la conclusión de que el convertidor que se está analizando es de tipo elevador ya que la tensión de entrada debe ser menor que la tensión de salida. Como resumen de todo lo expuesto anteriormente en este análisis del convertidor dc/dc tipo elevador en MCC se obtienen las gráficas características del convertidor representadas en la fig. 2.3.

2.3 Modo de Conducción Discontinua

El modo de conducción discontinua (MCD) del convertidor elevador se caracteriza por cumplir que la intensidad que circula por la bobina se hace cero durante algún tiempo del periodo de trabajo T. En el modo MCD del convertidor elevador, además de los dos

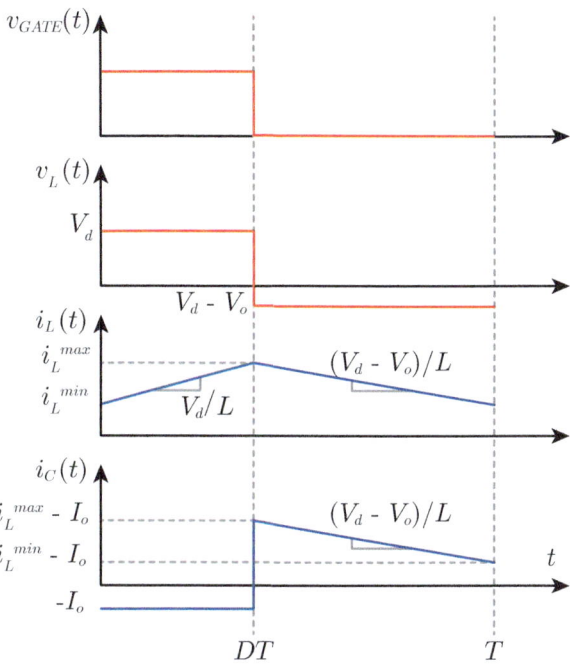

Figura 2.3 Curvas características del convertidor elevador en MCC.

intervalos de funcionamiento que fueron analizados en la operación del convertidor en MCC (intervalo de conducción e intervalo de no conducción), aparecerá un nuevo intervalo de funcionamiento en el que, al anularse la corriente por la bobina, consecuentemente la corriente que circula por el diodo es también nula, con lo que el diodo se corta.

En resumen, en MCD el convertidor elevador presenta tres circuitos equivalentes asociados a los diferentes intervalos de funcionamiento del mismo, tal y como muestra la fig. 2.4. Los circuitos representados en las fig. 2.4a y fig. 2.4b son iguales a los que aparecían en el MCC asociados a sus dos intervalos de funcionamiento. La diferencia en el MCD es que el intervalo de no conducción representado en la fig. 2.4b no acaba al final del periodo T, sino que la corriente en la bobina llega a anularse antes de dicho instante. Así, aparece un tercer intervalo de funcionamiento (mostrado en la fig. 2.4c) en el que tanto el semiconductor de potencia como el diodo están cortados. Por lo tanto, los análisis de los circuitos de la fig. 2.4a y fig. 2.4b darán lugar a las mismas ecuaciones que en el MCC, y lo único que se debe realizar en el MCD es el análisis del circuito de la fig. 2.4c, del que se extraen las siguientes expresiones:

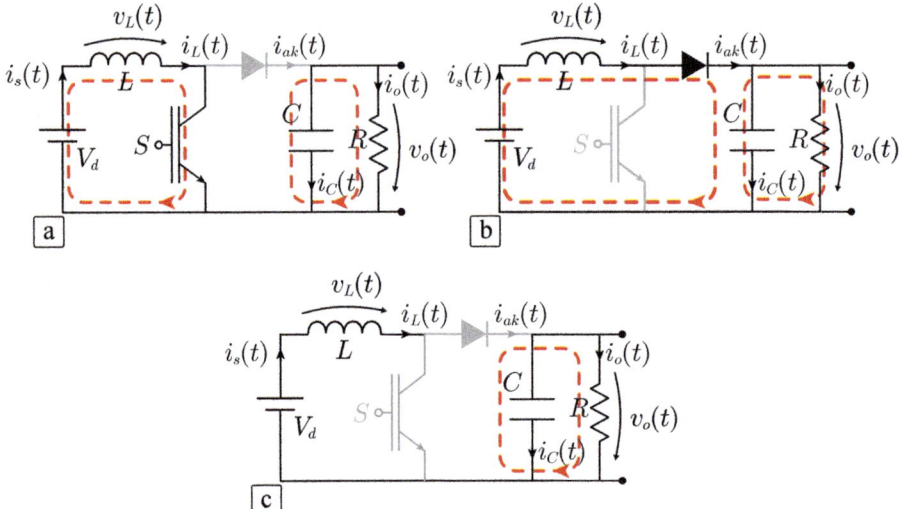

Figura 2.4 Intervalos de funcionamiento del convertidor elevador en MCD.

$$v_L = 0 \tag{2.12}$$

$$i_C = -i_o \tag{2.13}$$

$$i_s = i_L = 0 \tag{2.14}$$

Como en el MCD hay un intervalo más de funcionamiento, habrá que definir el tiempo de duración de cada uno de los tres intervalos de funcionamiento. Así, DT es la fracción del periodo de trabajo correspondiente al intervalo de conducción (correspondiente al circuito de la fig. 2.4a), D_1T se define como la fracción de periodo de trabajo correspondiente al intervalo de no conducción (correspondiente al circuito de la fig. 2.4b). Por tanto, D_1T es el tiempo que el diodo está en estado de conducción. El resto de tiempo hasta completar el periodo, igual a $(1-D-D_1)T$, será el tiempo correspondiente al circuito de la fig. 2.4c donde la corriente por la bobina es nula y tanto el interruptor de potencia como el diodo se encuentran en estado de corte. La evolución de las formas de onda características del convertidor elevador en un periodo de trabajo en MCD es la mostrada en la fig. 2.5.

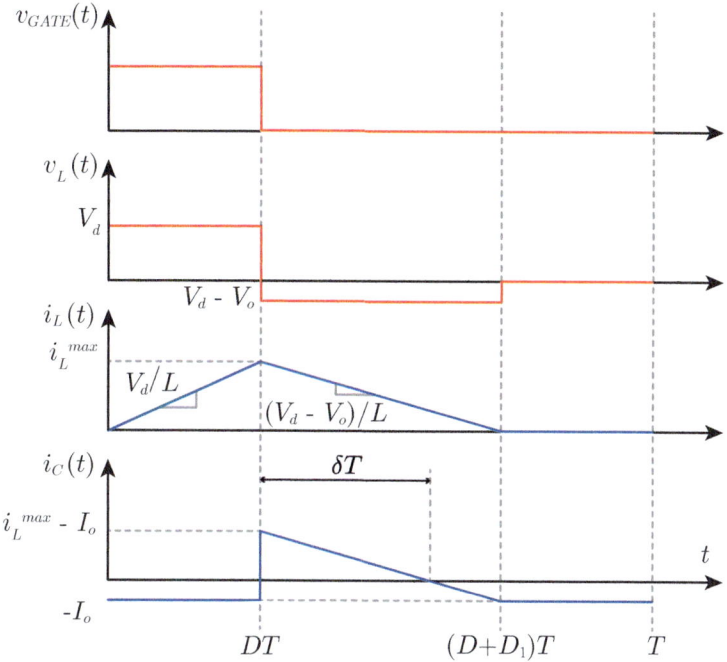

Figura 2.5 Curvas características del convertidor elevador en MCD.

2.4 Límite entre modos de conducción

El límite entre los modos de operación MCC y el MCD está marcado por el instante en el que la corriente por la bobina llega a ser cero, pero sólo durante un instante justo al final del periodo de trabajo, y no durante un intervalo de tiempo. Este caso se puede considerar como un caso particular del MCC donde $i_L^{min} = 0$. Esto se observa mejor en la fig. 2.6 donde se ha representado la corriente en la bobina cuando el convertidor está trabajando justo en el límite entre ambos modos de funcionamiento (i_{LB}).

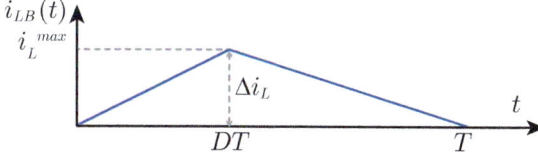

Figura 2.6 Corriente por la bobina en un convertidor elevador trabajando en el límite entre los modos MCC y MCD.

Si se calcula la corriente media por la bobina con el convertidor trabajando en el límite entre el MCC y el MCD, se obtendrá I_{LB}. Para conocer el estado de operación del convertidor (MCC o MCD), si en el convertidor se cumple que $I_L > I_{LB}$, éste estará en trabajando en MCC; por otro lado, si se cumple que $I_L < I_{LB}$, estará operando en MCD; y si $I_L = I_{LB}$ estará trabajando justo en el límite entre ambos modos de conducción.

$$I_{LB} = \frac{1}{T} \int_0^T i_{LB} dt = \frac{1}{T} T \frac{\Delta i_L}{2} = \frac{\Delta i_L}{2}. \tag{2.15}$$

donde Δi_L es el rizado de corriente en la bobina, que coincide con i_L^{max} cuando el convertidor está trabajando justo en el límite de ambos modos de funcionamiento.

Este mismo razonamiento se puede hacer para la corriente media en la carga, considerando la variable I_{oB} como valor para averiguar en qué modo de conducción se encuentra operando el convertidor. Al igual que cuando se consideró la corriente por la bobina, hay tres posibles casos: si en un convertidor se da que $I_o > I_{oB}$, éste estará trabajando en el MCC; si $I_o < I_{oB}$, estará operando en MCD; y si $I_o = I_{oB}$, estará trabajando justo en el límite entre ambos modos. Para calcular I_{oB} se utilizan todas las expresiones de i_o para cada uno de los intervalos de funcionamiento del convertidor:

$$I_{oB} = \frac{1}{T} \int_0^T i_{oB} dt = \frac{1}{T} \left[\int_0^{DT} -i_{CB} dt + \int_{DT}^T (i_{LB} - i_{CB}) dt \right] =$$
$$= \frac{1}{T} (1-D) T \frac{\Delta i_L}{2} = (1-D) I_{LB} \tag{2.16}$$

donde se ha tenido en cuenta que el convertidor está operando en régimen permanente y por tanto se debe cumplir que la corriente media por el condensador en un periodo de trabajo debe ser nula ya que la tensión inicial y final en el periodo de trabajo del condensador debe coincidir. Por tanto, para cualquier punto de operación del convertidor (incluyendo aquel que marca el límite entre MCC y MCD) se debe cumplir que:

$$I_c = \frac{1}{T} \int_0^T i_c dt = 0 \tag{2.17}$$

2.5   Parámetros del convertidor elevador en MCC

2.5.1   Rizado de corriente en la bobina

El rizado de la corriente en la bobina en MCC se define como:

$$\Delta i_L = i_L^{max} - i_L^{min} \tag{2.18}$$

siendo i_L^{max} e i_L^{min} los valores máximo y mínimo de la corriente que circula por la bobina durante el periodo de trabajo T, cuyos valores a priori se desconocen. Sin embargo, se puede hacer uso de las expresiones (2.7) y (2.11), que indicaban la evolución de la corriente en los dos intervalos de funcionamiento. De este modo, se puede determinar el valor de Δi_L de dos modos diferentes en función de las pendientes de la corriente por la bobina:

$$\Delta i_L = m_1 DT = \frac{V_d}{L} DT \tag{2.19}$$

$$\Delta i_L = -m_2(1-D)T = \frac{V_o - V_d}{L}(1-D)T \tag{2.20}$$

Nótese que se hará uso del valor constante V_o en lugar de v_o para la tensión de salida, tal y como se indicó en las suposiciones iniciales del análisis de los convertidores de potencia incluidos en el Capítulo 1.

2.5.2   Relación entre la tensión de entrada y la tensión de salida

Partiendo de las expresiones (2.19) y (2.20), se obtiene lo siguiente:

$$\Delta i_L = \frac{V_d}{L} DT = \frac{V_o - V_d}{L}(1-D)T \tag{2.21}$$

Partiendo de la expresión (2.21), se puede operar para conocer la relación que existe entre las tensiones de entrada y salida del convertidor elevador en MCC.

$$V_d D = (V_o - V_d)(1 - D)$$

$$V_d D = V_o - V_o D - V_d + V_d D$$

$$V_o = \frac{V_d}{1 - D} \tag{2.22}$$

La expresión (2.22) es la que relaciona la tensión de salida con la tensión de entrada en función del ciclo de trabajo (también llamado duty cycle utilizando el término en lengua inglesa) para el convertidor elevador en MCC. Además, es la expresión donde mejor se aprecia que el análisis se está centrando en un convertidor de tipo elevador ya que si $D = 0$, V_o será igual a V_d, mientras que si D tiende a 1, V_o tenderá a infinito. Es decir, el rango de valores que tomará V_o será siempre mayor o igual al valor de V_d, portando sentido a llamar a este convertidor como convertidor de tipo elevador.

2.5.3   Corriente media por la bobina

La corriente media que circula por la bobina se define teóricamente como:

$$I_L = \frac{1}{T} \int_0^T i_L dt \tag{2.23}$$

Como ya se dispone de la expresión de i_L en todo el periodo de trabajo, esta integral se puede calcular analíticamente. Sin embargo, otro modo de calcular I_L es hallar el área bajo la curva de i_L, con ayuda de la fig. 2.3. El área bajo esta curva se puede descomponer como un rectángulo de base T y de altura i_L^{min}, y un triángulo de base T y altura Δi_L. Empleando esto, se puede obtener que:

$$I_L = \frac{1}{T} \left(T i_L^{min} + T \frac{\Delta i_L}{2} \right)$$

$$I_L = i_L^{min} + \frac{\Delta i_L}{2} \tag{2.24}$$

Despejando i_L^{min} de la ecuación (2.24), y recordando la definición del rizado de corriente por la bobina Δi_L expresada en la ecuación (2.18), se puede obtener lo siguiente:

$$i_L^{min} = I_L - \frac{\Delta i_L}{2} \tag{2.25}$$

$$i_L^{max} = I_L + \frac{\Delta i_L}{2} \tag{2.26}$$

Las ecuaciones (2.25) y (2.26) permiten saber que el valor medio de la corriente por la bobina es justo el valor medio de los valores límite del rizado de la corriente que circula por ella, es decir:

$$I_L = \frac{i_L^{max} + i_L^{min}}{2} \tag{2.27}$$

2.5.4   Corriente media de salida

Se define la corriente media a la salida del convertidor como:

$$I_o = \frac{1}{T} \int_0^T i_o dt \tag{2.28}$$

Haciendo uso de las ecuaciones que describen i_o en los diferentes intervalos de funcionamiento del circuito, (2.2) y (2.9), se puede obtener que

$$I_o = \frac{1}{T} \left(\int_0^{DT} -i_C dt + \int_{DT}^T (i_L - i_C) dt \right) \tag{2.29}$$

Además, al asumir que el circuito está operando en régimen permanente, tal como se indicó anteriormente en la expresión (2.17), debe cumplirse que la corriente media por el condensador debe ser nula. Sabiendo esto, la ecuación (2.29) se simplifica, obteniéndose:

$$I_o = \frac{1}{T} \int_{DT}^{T} i_L dt \tag{2.30}$$

Esta integral puede resolverse calculando el área bajo la curva de i_L, esta vez sólo en el intervalo de no conducción, llegándose a que:

$$I_o = \frac{1}{T} \left((1-D)T i_L^{min} + (1-D)T \frac{\Delta i_L}{2} \right)$$

$$I_o = (1-D) \left(i_L^{min} + \frac{\Delta i_L}{2} \right) = (1-D) I_L \tag{2.31}$$

2.5.5 Corriente media de entrada

Gracias a que se tienen las expresiones (2.3) y (2.10), se puede calcular la corriente media de la fuente de entrada como:

$$I_s = \frac{1}{T} \int_{0}^{T} i_s dt = \frac{1}{T} \int_{0}^{T} i_L dt = I_L \tag{2.32}$$

2.5.6 Rizado de la tensión de salida

El rizado de la tensión de salida puede expresarse de diferentes modos. Así, se puede definir como un rizado de tensión expresado en voltios, en por unidad, o en porcentaje.

$$\Delta v_o[V] = \frac{\Delta Q}{C} \tag{2.33}$$

$$\frac{\Delta v_o}{V_o}[\text{pu}] = \frac{\Delta Q}{C V_o} \tag{2.34}$$

$$\frac{\Delta v_o}{V_o}[\%] = 100 \frac{\Delta Q}{C V_o} \tag{2.35}$$

siendo ΔQ el valor absoluto de la variación de carga (bien sea positiva o negativa) en el condensador durante un periodo de trabajo. Esto se puede calcular como el área positiva o negativa de la corriente i_C, en valor absoluto.

Como ejemplo, para el convertidor elevador trabajando en MCC el rizado de la tensión de salida en por unidad se puede calcular como:

$$\frac{\Delta v_o}{V_o}[\text{pu}] = \frac{\Delta Q}{CV_o} = \frac{DTI_o}{CV_o} \tag{2.36}$$

Nótese que para el cálculo de la expresión (2.36), se ha tenido en cuenta la forma de onda de i_C representada en la fig. 2.3, que suponía que se cumplía que $(i_L^{min} - I_o) \geq 0$. Sin embargo, esta condición no es siempre válida y se debe también analizar el caso contrario, es decir, cuando se cumpla que $(i_L^{min} - I_o) < 0$. En este caso, como se observa en la fig. 2.7, lo más sencillo para calcular la variación de carga ΔQ del condensador de salida es tener en cuenta el área del triángulo sombreado.

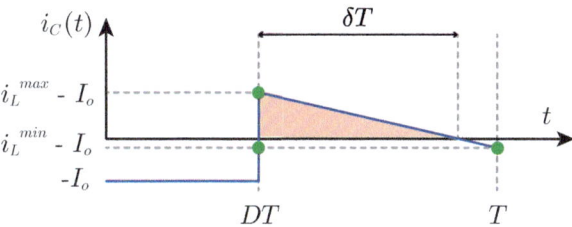

Figura 2.7 Evolución de la corriente por el condensador de salida del convertidor elevador en MCC suponiendo que $(i_L^{min} - I_o) < 0$.

Sin embargo, no se conoce cuándo la corriente por el condensador se anula, es decir, no se conoce la base de dicho triángulo definido como δT. Para calcular esto, se hará uso de la propiedad de semejanza de triángulos entre el triángulo sombreado ya mencionado, y el triángulo descrito por los tres vértices marcados en verde en la fig. 2.7. Por tanto, se debe cumplir que:

$$\frac{\delta T}{(1-D)T} = \frac{i_L^{max} - I_o}{\Delta i_L}$$

$$\delta = \frac{(i_L^{max} - I_o)(1-D)}{\Delta i_L} \tag{2.37}$$

Y por lo tanto, el valor del rizado de tensión de salida en por unidad se podrá obtener utilizando la expresión del área de un triángulo, llegándose a que:

$$\frac{\Delta v_o}{V_o}[\text{pu}] = \frac{\delta T(i_L^{max} - I_o)}{2CV_o} = \frac{(i_L^{max} - I_o)^2(1-D)T}{2CV_o\Delta i_L} \tag{2.38}$$

2.6 Parámetros del convertidor en MCD

2.6.1 Rizado de la corriente en la bobina

Partiendo de la forma de onda de la corriente en la bobina representada en la fig. 2.5, el rizado de corriente por la bobina se determina como:

$$\Delta i_L = i_L^{max} = \frac{V_d}{L}DT = \frac{V_o - V_d}{L}D_1T \tag{2.39}$$

2.6.2 Relación entre la tensión de entrada y la tensión de salida

Gracias a la expresión (2.39), se puede obtener la relación que existe entre la tensión de salida V_o, la tensión de entrada V_d, el valor de duty cycle D y el parámetro D_1:

$$V_d D = (V_o - V_d)D_1$$

$$V_o = V_d \frac{D + D_1}{D_1} \tag{2.40}$$

2.6.3 Corriente media por la bobina

Se procede determinando el área bajo la curva de i_L representada en la fig. 2.5:

$$I_L = \frac{1}{T} \int_0^T i_L dt = \frac{1}{T}(D + D_1)T\frac{\Delta i_L}{2} = (D + D_1)\frac{\Delta i_L}{2} \tag{2.41}$$

2.6.4 Corriente media de salida

Se define teóricamente la corriente media en la carga como:

$$I_o = \frac{1}{T} \int_0^T i_o dt \tag{2.42}$$

En este caso, haciendo uso de las expresiones de la corriente i_o en cada uno de los intervalos de funcionamiento del convertidor en MCD, introducidas en (2.2), (2.9) y (2.11), se tiene que:

$$I_o = \frac{1}{T} \int_0^T i_o dt = \frac{1}{T}\left(\int_0^{DT} -i_C dt + \int_{DT}^{(D+D_1)T} (i_L - i_C)dt + \int_{(D+D_1)T}^{T} -i_C dt \right)$$

Una vez más, haciendo uso de que la integral en todo el periodo de trabajo de i_C es cero ya que suponemos que el convertidor está trabajando en régimen permanente, se tiene que:

$$I_o = \frac{1}{T} \int_{DT}^{(D+D_1)T} i_L dt = \frac{1}{T}D_1 T\frac{\Delta i_L}{2} = D_1\frac{\Delta i_L}{2} \tag{2.43}$$

2.6.5 Corriente media de entrada

Gracias a que se tienen las expresiones (2.3), (2.10) y (2.14), se puede calcular la corriente media de la fuente de entrada como:

$$I_s = \frac{1}{T} \int_0^T i_s dt = \frac{1}{T} \int_0^T i_L dt = I_L \tag{2.44}$$

2.6.6 Rizado de la tensión de salida

Como ejemplo, se puede determinar el rizado de tensión de salida en por unidad como:

$$\frac{\Delta v_o}{V_o}[\text{pu}] = \frac{\Delta Q}{CV_o} = \frac{\delta T(i_L^{max} - I_o)}{2CV_o} \tag{2.45}$$

donde se ha tenido en cuenta la evolución de la corriente por el condensador de salida (representada en la fig. 2.8).

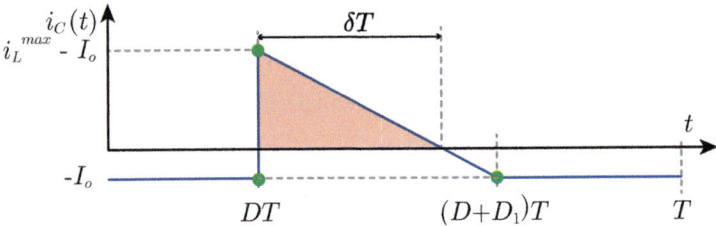

Figura 2.8 Evolución de la corriente por el condensador de salida del convertidor operando en MCD.

Procediendo del mismo modo que el indicado anteriormente en MCC, es decir, aplicando la propiedad de semejanza de triángulos entre el triángulo sombreado y el definido por los vértices verdes, se puede obtener el valor de δ como:

$$\frac{\delta T}{D_1 T} = \frac{i_L^{max} - I_o}{\Delta i_L}$$

$$\delta = \frac{D_1(i_L^{max} - I_o)}{\Delta i_L} \tag{2.46}$$

Finalmente, el valor del rizado de tensión a la salida es:

$$\frac{\Delta v_o}{V_o}[\text{pu}] = \frac{D_1 T (i_L^{max} - I_o)^2}{2 C V_o \Delta i_L} \tag{2.47}$$

2.7 Balance de potencia

En el capítulo 1 se introdujo el concepto de balance de potencia, obteniéndose la siguiente expresión:

$$V_d I_s = V_o I_o \tag{2.48}$$

En el convertidor elevador, tanto en el MCC como en el MCD, se cumple que la corriente media suministrada por la fuente de entrada es igual a la corriente media por la bobina: $I_s = I_L$. De este modo, aplicar el balance de potencia conlleva que:

$$V_d I_L = V_o I_o \tag{2.49}$$

En esta expresión, habrá que sustituir las expresiones correspondientes a I_L e I_o dependiendo del modo de funcionamiento en el que se encuentre el convertidor.

2.8   Corrientes y tensiones máximas por el diodo y el interruptor de potencia

Observando los circuitos equivalentes de la fig. 2.2 y la fig. 2.4, se puede conocer la evolución de las corrientes y las tensiones por el diodo (v_{ak} e i_{ak}) y de las correspondientes del interruptor de potencia (v_{sw} e i_{sw}). La evolución de dichas tensiones y corrientes, tanto en MCC como en MCD se puede observar en la fig. 2.9a y fig. 2.9b, respectivamente.

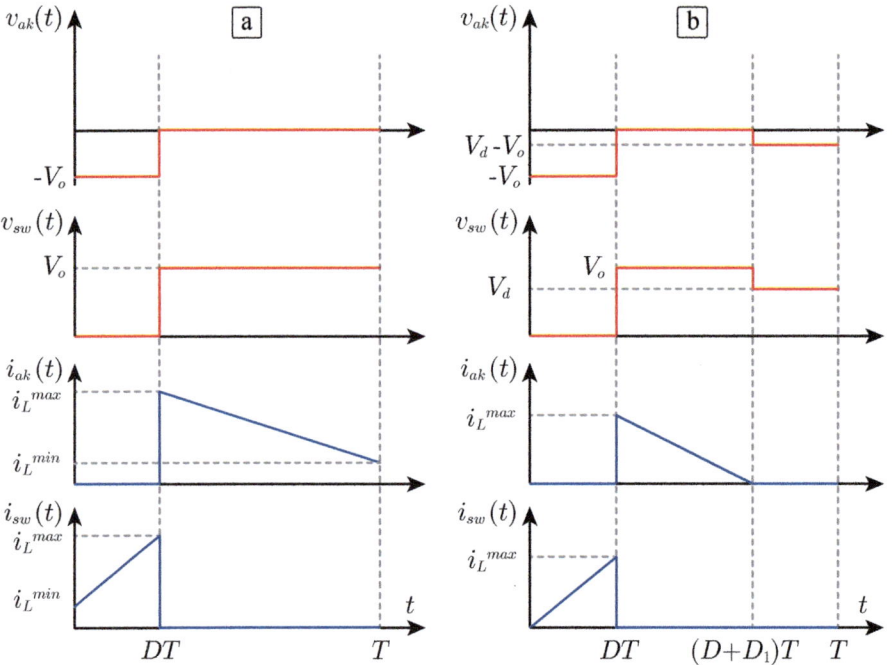

Figura 2.9 Evolución de las corrientes y tensiones por el diodo y el semiconductor de potencia cuando el convertidor elevador está operando en a) MCC b) MCD.

De este modo, las tensiones y corrientes máximas por el diodo y por el interruptor de potencia, estando operando el convertidor en MCC o en MCD, son las siguientes:

$$|v_{ak}^{max}| = V_o \tag{2.50}$$

$$i_{ak}^{max} = i_L^{max} \tag{2.51}$$

$$v_{sw}^{max} = V_o \tag{2.52}$$

$$i_{sw}^{max} = i_L^{max} \tag{2.53}$$

3 Convertidor Reductor

3.1 Introducción

En este capítulo se realizará el análisis del convertidor dc/dc de tipo reductor, el cual, como su propio nombre indica, es un convertidor de potencia que presenta una tensión de salida menor que la tensión de entrada. El convertidor reductor es muy utilizado en la industria en aplicaciones como fuentes de alimentación conmutadas, cargadores de baterías, drivers para iluminación LED, integración de energías renovables y electrónica de consumo, entre otros [1]. El esquema circuital del convertidor reductor se representa en la fig. 3.1. Como bien se puede observar, en el circuito hay varios elementos: una bobina con inductancia L, un semiconductor de potencia cuyo estado de conducción se gestiona gracias a una señal de disparo S, un diodo, un condensador con capacitancia C, y una resistencia R que emula la carga conectada al convertidor.

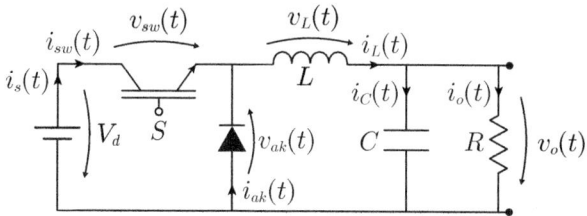

Figura 3.1 Esquema del convertidor reductor.

Las suposiciones iniciales para el análisis del convertidor reductor serán las mismas que las que se hicieron en el análisis del elevador, y que fueron introducidas en el capítulo 1. Además, hay que resaltar que varios parámetros y variables fueron introducidas en el análisis del convertidor elevador con lo que encomendamos al lector a acudir al capítulo 2 para más detalles.

3.2 Modo de Conducción Continua

Se va a realizar un primer análisis suponiendo que el convertidor se encuentra en Modo de Conducción Continua (MCC), es decir, se va a suponer que la intensidad por la bobina nunca se llega a anular.

Para realizar el análisis del convertidor es necesario diferenciar dos tramos o intervalos de funcionamiento, uno en el que el semiconductor de potencia se encuentra en estado de conducción (ON), el cual se denominará intervalo de conducción; y otro en el que el semiconductor de potencia está cortado (OFF), el denominado intervalo de no conducción. Según el intervalo de operación, el circuito a analizar será distinto, tal y como se observa en la fig. 3.2.

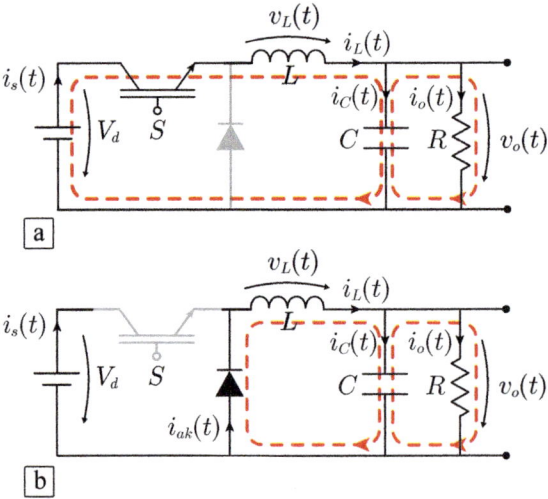

Figura 3.2 Intervalos de funcionamiento en MCC del convertidor reductor.

El circuito de la fig. 3.2a corresponde al circuito equivalente del intervalo de conducción, en el que interruptor de potencia está en conducción y el diodo se encuentra en polarización inversa estando en estado de corte. Por otro lado, el circuito de la fig. 3.2b corresponde al circuito equivalente del intervalo de no conducción, en el que el semiconductor está en estado de corte. Debido a ello, el diodo se encuentra en polarización directa proporcionando un camino a la corriente que circula a través de la bobina.

3.2.1 Análisis del intervalo de conducción

Si se empieza analizando el circuito en el intervalo de conducción (fig. 3.2a), se obtienen las siguientes expresiones aplicando las leyes de Kirchoff:

$$v_L = V_d - V_o \tag{3.1}$$

$$i_L = i_C + i_o \tag{3.2}$$

$$i_s = i_L \tag{3.3}$$

$$v_{ak} = -V_d \tag{3.4}$$

Se observa que efectivamente el diodo está cortado al presentar una tensión ánodo-cátodo negativa. Por otro lado, las ecuaciones que gobiernan el comportamiento de una bobina son las siguientes:

$$v_L = L\frac{di_L}{dt} \tag{3.5}$$

$$i_L = \int \frac{v_L}{L}dt \tag{3.6}$$

Haciendo uso de las ecuaciones (3.1) y (3.6), se llega a la conclusión de que la expresión de la corriente por la bobina en este primer intervalo del circuito en MCC es la siguiente:

$$i_L = \int \frac{v_L}{L}dt = \int \frac{V_d - V_o}{L}dt = \frac{V_d - V_o}{L}t + i_L^{min} \tag{3.7}$$

Como se observa, la ecuación (3.7) nos da a conocer que la corriente que circula por la bobina es una recta con pendiente positiva $m_1 = {(V_d - V_o)}/{L}$.

3.2.2 Análisis del intervalo de no conducción

Las ecuaciones que definen el comportamiento del convertidor reductor en el intervalo de no conducción, descrito por el circuito representado en la fig. 3.2b, son:

$$v_L = -V_o \tag{3.8}$$

$$i_L = i_{ak} = i_C + i_o \tag{3.9}$$

$$i_s = 0 \tag{3.10}$$

Del mismo modo en que se procedió anteriormente, haciendo uso de las ecuaciones (3.6) y (3.8), se obtiene la expresión de la corriente por la bobina en este intervalo:

$$i_L = \int \frac{v_L}{L} dt = \int \frac{-V_o}{L} dt = \frac{-V_o}{L} t + i_L^{max} \tag{3.11}$$

La ecuación (3.11) indica que la corriente por la bobina durante este intervalo es una recta con pendiente negativa $m_2 = {-V_o}/{L}$.

Tras este análisis del convertidor reductor operando en MCC, se obtienen las formas de onda características representadas en la fig. 3.3.

3.3 Modo de Conducción Discontinua

El modo de conducción discontinua (MCD) es aquel en el que la intensidad de la bobina se hace cero durante algún intervalo de tiempo del periodo de trabajo T. Además de los dos intervalos de funcionamiento existentes en MCC, aparecerá un nuevo intervalo de funcionamiento en el que, aunque el semiconductor esté abierto, la corriente por la bobina

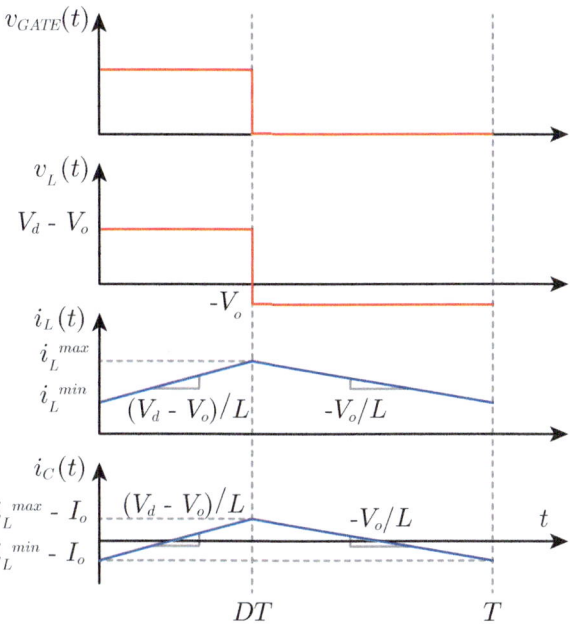

Figura 3.3 Curvas características del convertidor reductor en MCC.

se anula, con lo que el diodo se encuentra en el estado de corte. Así, en MCD según el intervalo de funcionamiento, el circuito equivalente a analizar será ligeramente distinto, como se muestra en la fig. 3.4.

En la fig. 3.4 se observa que los circuitos equivalentes de los dos primeros intervalos de funcionamiento, representados en la fig. 3.4a y la fig. 3.4b, son iguales a los que había en MCC. Por lo tanto, los análisis de los dos primeros circuitos equivalentes dan lugar a las mismas ecuaciones que en MCC, y lo único que se debe realizar en MCD es el análisis del circuito representado en la fig. 3.4c, del que se extraen las siguientes ecuaciones:

$$v_L = 0 \tag{3.12}$$

$$i_C = -i_o \tag{3.13}$$

$$i_s = 0 \tag{3.14}$$

Como en MCD hay un intervalo más de funcionamiento, habrá que definir el tiempo que dura éste. Para ello, DT es la fracción del periodo de trabajo correspondiente al intervalo

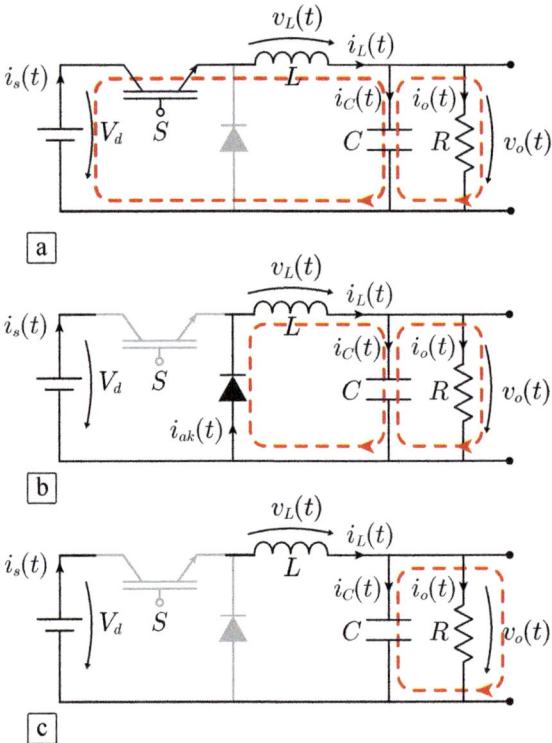

Figura 3.4 Intervalos de funcionamiento del convertidor reductor en MCD.

de conducción (correspondiente al circuito de la fig. 3.4a), $D_1 T$ se define como la fracción de periodo de trabajo correspondiente al intervalo de no conducción (correspondiente al circuito de la fig. 3.4b), que además corresponde con el tiempo que el diodo está en estado de conducción. El resto de tiempo hasta completar el periodo, igual a $(1 - D - D_1)T$, será el tiempo correspondiente al circuito de la fig. 3.4c, donde tanto el interruptor de potencia como el diodo están en estado de corte.

La evolución de las formas de onda características del convertidor reductor en un periodo de trabajo en MCD, una vez obtenidas las ecuaciones, es la mostrada en la fig. 3.5.

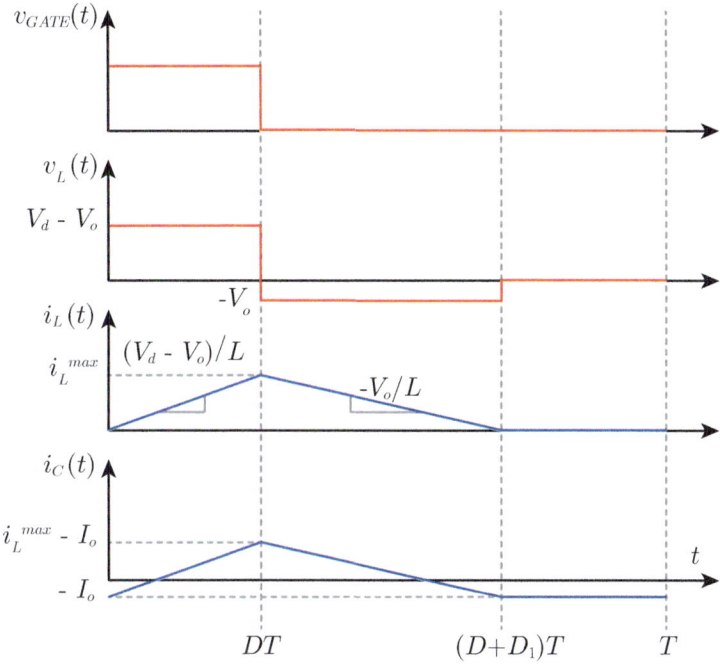

Figura 3.5 Curvas características del convertidor reductor en MCD.

3.4 Límite entre modos de conducción

El límite entre el MCC y el MCD es aquel en el que la corriente por la bobina llega a ser cero, pero solo durante un instante justo al final del periodo de trabajo, y no durante un intervalo de tiempo. En ese caso: $i_L^{min} = 0$ de forma instantánea. Esto se observa mejor en la fig. 3.6 donde se ha representado la corriente por la bobina si el convertidor opera en el límite entre ambos modos de funcionamiento (i_{LB}).

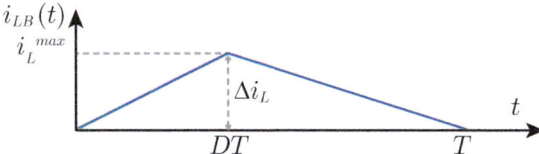

Figura 3.6 Evolución de la corriente por la bobina cuando el convertidor reductor está operando en el límite entre el MCC y el MCD.

Si se calcula la corriente media por la bobina cuando el convertidor reductor está operando en el límite entre el MCC y el MCD, se obtendrá I_{LB}. Si en un convertidor $I_L > I_{LB}$, éste estará en operando en MCC; si $I_L < I_{LB}$, el convertidor estará trabajando en MCD; y si $I_L = I_{LB}$ estará operando justo en el límite entre ambos modos de conducción.

$$I_{LB} = \frac{1}{T} \int_0^T i_{LB} dt = \frac{1}{T} T \frac{\Delta i_L}{2} = \frac{\Delta i_L}{2} \tag{3.15}$$

Lo mismo puede hacerse para la corriente media en la salida. Si el convertidor está operando justo en el límite entre ambos modos de funcionamiento la corrientes de salida es i_{oB}, siendo su valor medio I_{oB}. Al igual que con la I_L, hay tres casos: si en un convertidor se tiene que $I_o > I_{oB}$, estará operando en MCC; si $I_o < I_{oB}$, estará trabajando en MCD; y si $I_o = I_{oB}$, estará operando justo en el límite entre ambos modos.

En este convertidor se cumple en cualquier condición (MCC, MCD o en el límite entre ambos modos de funcionamiento) que $i_L = i_C + i_o$, por lo que resulta que $I_o = I_L$ (ya que se debe cumplir que $I_c = 0$ al estar en régimen permanente). Por lo tanto, esto se debe cumplir también en el límite llegándose a que:

$$I_{oB} = I_{LB} = \frac{\Delta i_L}{2} \tag{3.16}$$

3.5 Parámetros del convertidor en MCC

3.5.1 Rizado de corriente en la bobina

El rizado de la corriente en la bobina en MCC se define como:

$$\Delta i_L = i_L^{max} - i_L^{min} \tag{3.17}$$

siendo i_L^{max} e i_L^{min} los valores máximo y mínimo de la corriente que circula por la bobina, respectivamente. Se puede hacer uso de las expresiones (3.7) y (3.11), obtenidas previamente, que indicaban la evolución de la corriente en los dos intervalos de funcionamiento. De este modo:

$$\Delta i_L = \frac{V_d - V_o}{L} DT = \Delta i_L = \frac{V_o}{L}(1-D)T \tag{3.18}$$

3.5.2 Relación entre la tensión de entrada y la tensión de salida

Partiendo de las expresiones introducidas en (3.18), y operando adecuadamente, se puede obtener lo siguiente:

$$(V_d - V_o)D = V_o(1-D)$$
$$V_d D - V_o D = V_o - V_o D$$
$$V_o = DV_d \tag{3.19}$$

La expresión (3.19) relaciona la tensión de salida con la tensión de entrada en función del duty cycle D. Además, es la expresión donde mejor se aprecia que se trata de un convertidor reductor ya que al cumplirse que $D \in [0,1]$, el valor mínimo de tensión a la salida será 0 mientras que el valor máximo será V_d.

3.5.3 Corriente media por la bobina

La corriente media que circula por la bobina se define como:

$$I_L = \frac{1}{T} \int_0^T i_L dt \tag{3.20}$$

Como ya se dispone de la expresión de i_L en todo el periodo, esta integral se puede calcular analíticamente. Sin embargo, otro modo de determinar el valor medio de la corriente es calcular el área bajo la curva de i_L, con ayuda de la fig. 3.3. El área bajo esta curva se puede descomponer como un rectángulo de base T y de altura i_L^{min}, un triángulo de base T y altura Δi_L. Empleando esto, se obtiene que:

$$I_L = \frac{1}{T}\int_0^T i_L dt = \frac{1}{T}\left(i_L^{min}T + T\frac{\Delta i_L}{2}\right)$$

$$I_L = i_L^{min} + \frac{\Delta i_L}{2} \tag{3.21}$$

Despejando i_L^{min} de la ecuación (3.21), y recordando la definición del rizado de corriente por la bobina introducida en (3.17), se puede obtener lo siguiente:

$$i_L^{min} = I_L - \frac{\Delta i_L}{2} \tag{3.22}$$

$$i_L^{max} = I_L + \frac{\Delta i_L}{2} \tag{3.23}$$

Estas ecuaciones permiten saber que el valor medio de la corriente por la bobina es justo el valor medio de los valores límite del rizado de la corriente que circula por ella, es decir, matemáticamente se expresa como:

$$I_L = \frac{i_L^{max} + i_L^{min}}{2} \tag{3.24}$$

3.5.4   Corriente media de salida

Se define la corriente media a la salida del convertidor como:

$$I_o = \frac{1}{T}\int_0^T i_o dt \tag{3.25}$$

Haciendo uso de las ecuaciones en las que se tiene la evolución de la corriente de salida, (3.2) y (3.9), se tiene que:

$$I_o = \frac{1}{T} \int_0^T (i_L - i_C)dt \tag{3.26}$$

Además, recordando que la corriente media por el condensador I_c es nula considerando operación en régimen permanente, la ecuación (3.26) se simplifica, obteniéndose que la corriente media en la carga es igual a la corriente media por la bobina:

$$I_o = \frac{1}{T} \int_0^T i_L dt = I_L \tag{3.27}$$

3.5.5 Corriente media de entrada

Gracias a las expresiones (3.3) y (3.10), la corriente media de la fuente de entrada es:

$$I_s = \frac{1}{T} \int_0^T i_s dt = \frac{1}{T} \int_0^{DT} i_L dt = \frac{1}{T} \left(i_L^{min} DT + DT \frac{\Delta i_L}{2} \right) = DI_L \tag{3.28}$$

3.5.6 Rizado de la tensión de salida

El rizado de la tensión de salida puede expresarse de diferentes modos. Así, se puede definir como un rizado de tensión expresado en voltios, en por unidad, o en porcentaje.

$$\Delta v_o[V] = \frac{\Delta Q}{C} \tag{3.29}$$

$$\frac{\Delta v_o}{V_o}[\text{pu}] = \frac{\Delta Q}{CV_o} \tag{3.30}$$

$$\frac{\Delta v_o}{V_o}[\%] = 100 \frac{\Delta Q}{CV_o} \tag{3.31}$$

siendo ΔQ el valor absoluto de la variación de carga (bien sea positiva o negativa) en el condensador durante un periodo de trabajo. Esto se puede calcular como el área positiva o negativa de la corriente i_C, en valor absoluto.

Como ejemplo, considerando el convertidor reductor operando en MCC, y para determinar el rizado de la tensión de salida en por unidad, hay que observar la fig. 3.7 que muestra la corriente por el condensador en este convertidor durante un periodo de trabajo. En este caso, lo más fácil para determinar la variación de carga ΔQ será calcular el área positiva de dicha curva, es decir, el área sombreada de la fig. 3.7. Sin embargo, para calcular este área, se desconoce cuándo la corriente por el condensador será cero, es decir, no se conoce el valor de δT. Para calcularlo, se hará uso de la semejanza entre el triángulo sombreado ya mencionado, y el triángulo descrito por los tres vértices marcados en verde:

$$\frac{\delta T}{T} = \frac{i_L^{max} - I_o}{i_L^{max} - i_L^{min}} = \frac{\Delta i_L/2}{\Delta i_L} = \frac{1}{2} \tag{3.32}$$

donde hay que hacer notar que, como $I_o = I_L$ y además i_L^{max} se define mediante la expresión (3.23), se puede afirmar que $i_L^{max} - I_o = \Delta i_L/2$.

Finalmente, el valor del rizado de tensión de salida en por unidad será:

$$\frac{\Delta v_o}{V_o}[\text{pu}] = \frac{\delta T(i_L^{max} - I_o)}{2CV_o} = \frac{\delta T(\Delta i_L/2)}{2CV_o} = \frac{T\Delta i_L}{8CV_o} \tag{3.33}$$

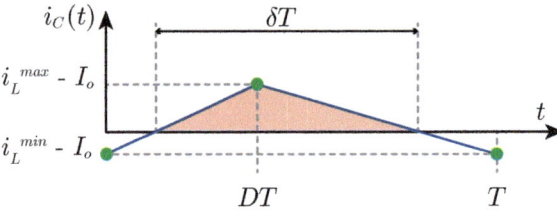

Figura 3.7 Evolución de la corriente por el condensador en el convertidor reductor en MCC.

3.6 Parámetros del convertidor en MCD

3.6.1 Rizado de corriente en la bobina

El rizado de corriente en MCD se define como:

$$\Delta i_L = i_L^{max} = \frac{V_d - V_o}{L} DT = \frac{V_o}{L} D_1 T \tag{3.34}$$

3.6.2 Relación entre la tensión de entrada y la tensión de salida

Partiendo de la expresión (3.34), se llega a lo siguiente:

$$V_d DT - V_o DT = V_o D_1 T$$
$$V_o = V_d \frac{D}{D + D_1} \tag{3.35}$$

3.6.3 Corriente media por la bobina

Se procede determinando el área bajo la curva de i_L para resolver la siguiente expresión:

$$I_L = \frac{1}{T} \int_0^T i_L dt = \frac{1}{T}(D + D_1)T \frac{\Delta i_L}{2} = (D + D_1)\frac{\Delta i_L}{2} \tag{3.36}$$

3.6.4 Corriente media de salida

Se define la corriente media a la salida como:

$$I_o = \frac{1}{T} \int_0^T i_o dt \tag{3.37}$$

Haciendo uso de las ecuaciones que dan a conocer la evolución de la corriente de salida, (3.2), (3.9) y (3.13):

$$I_o = \frac{1}{T} \int_0^T i_o dt = \frac{1}{T} \int_0^T (i_L - i_C) dt$$

Haciendo uso de que la integral en todo el intervalo de i_C es cero:

$$I_o = \frac{1}{T} \int_0^T i_L dt = I_L = (D + D_1) \frac{\Delta i_L}{2} \tag{3.38}$$

3.6.5   Corriente media de entrada

Se puede calcular la corriente media de la fuente de entrada sabiendo que $i_s = i_L$ en el intervalo de conducción y es cero en los demás intervalos. Por tanto, se debe cumplir que:

$$I_s = \frac{1}{T} \int_0^T i_s dt = \frac{1}{T} \int_0^{DT} i_L dt = \frac{1}{T} DT \frac{\Delta i_L}{2} = D \frac{\Delta i_L}{2} \tag{3.39}$$

3.6.6   Rizado de la tensión de salida

Partiendo de la gráfica mostrada en la fig. 3.8, se define el rizado de tensión de salida expresado por unidad, como:

$$\frac{\Delta v_o}{V_o}[\text{pu}] = \frac{\Delta Q}{CV_o} = \frac{\delta T (i_L^{max} - I_o)}{2CV_o} \tag{3.40}$$

Procediendo del mismo modo que en MCC, con semejanza entre el triángulo sombreado en rojo y el de vértices verdes, se obtiene el valor de δ:

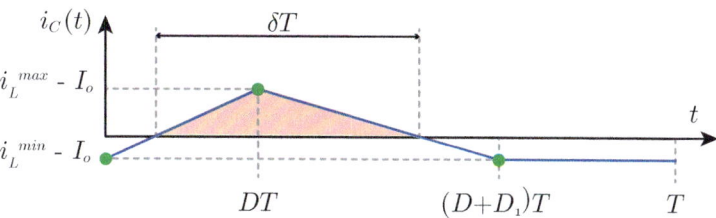

Figura 3.8 Evolución de la corriente por el condensador de salida con el convertidor operando en MCD.

$$\frac{\delta T}{(D+D_1)T} = \frac{i_L^{max} - I_o}{i_L^{max}} = \frac{\Delta i_L - I_o}{\Delta i_L}$$

$$\delta = \frac{\Delta i_L - I_o}{\Delta i_L}(D+D_1) \tag{3.41}$$

De este modo, el valor del rizado de tensión a la salida expresado por unidad es:

$$\frac{\Delta v_o}{V_o}[\text{pu}] = \frac{(\Delta i_L - I_o)^2}{2CV_o\Delta i_L}(D+D_1)T \tag{3.42}$$

3.7 Balance de potencia

En el capítulo 1 se introdujo el concepto del balance de potencia, obteniéndose la siguiente expresión, válida en cualquier modo de funcionamiento del convertidor:

$$V_d I_s = V_o I_o \tag{3.43}$$

En el convertidor reductor en MCC se cumple que la corriente media suministrada por la fuente de entrada es igual a la corriente media por la bobina por el ciclo de trabajo D, por tanto cumpliéndose que $I_s = DI_L$. De este modo:

$$V_d DI_L = V_o I_o \tag{3.44}$$

Por otro lado, si el convertidor reductor está operando en MCD se cumple que:

$$V_d D \frac{\Delta i_L}{2} = V_o I_o \tag{3.45}$$

En esta expresiones, tanto en MCC como en MCD se cumple que $I_o = I_L$, y habrá que sustituir la corriente media I_o con la expresión correspondiente al modo de funcionamiento en el que se encuentre el convertidor.

3.8 Corrientes y tensiones máximas por el diodo y el interruptor de potencia

Observando los circuitos equivalentes de la fig. 3.2 y la fig. 3.4, se puede conocer la evolución de las corrientes y las tensiones por el diodo (v_{ak} e i_{ak}) y de las correspondientes del interruptor de potencia (v_{sw} e i_{sw}). La evolución de dichas tensiones y corrientes, tanto en MCC como en MCD se puede observar en la fig. 3.9a y fig. 3.9b, respectivamente.

De este modo, las tensiones y corrientes máximas por el diodo y por el interruptor de potencia, tanto si está operando en MCC como en MCD son las siguientes:

$$|v_{ak}^{max}| = V_d \tag{3.46}$$

$$i_{ak}^{max} = i_L^{max} \tag{3.47}$$

$$v_{sw}^{max} = V_d \tag{3.48}$$

$$i_{sw}^{max} = i_L^{max} \tag{3.49}$$

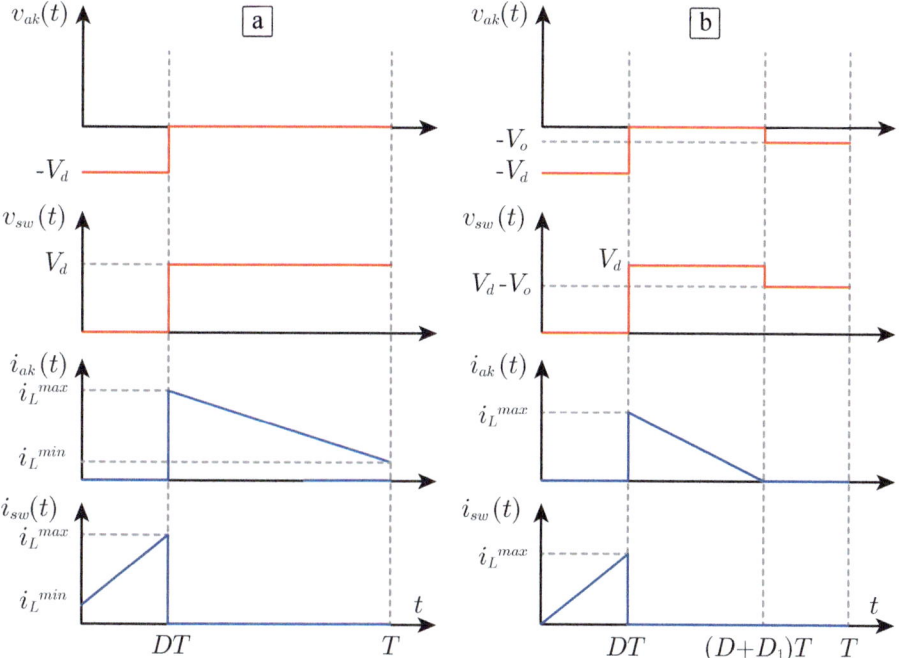

Figura 3.9 Evolución de las corrientes y tensiones por el diodo y el semiconductor de potencia cuando el convertidor reductor está operando en a) MCC b) MCD.

4 Convertidor Reductor-Elevador

4.1 Introducción

En este capítulo se realizará el análisis del convertidor reductor-elevador. El convertidor dc-dc reductor-elevador, como su propio nombre indica, es un convertidor de potencia que se emplea tanto para elevar como para reducir una tensión de entrada. El convertidor reductor-elevador puede encontrarse en un amplio rango de aplicaciones industriales actuales tales como integración de sistemas de almacenamiento, integración de energías renovables, aplicaciones aeroespaciales y todo tipo de fuentes de alimentación conmutadas, entre otros [1]. El esquema del convertidor reductor-elevador se puede observar en la fig. 4.1. Como bien se puede observar, en el circuito hay varios elementos: una bobina con inductancia L, un interruptor de potencia cuyo estado de conducción se gestiona gracias a una señal de disparo S, un diodo, un condensador con capacitancia C, y una resistencia R que emula la carga conectada al convertidor.

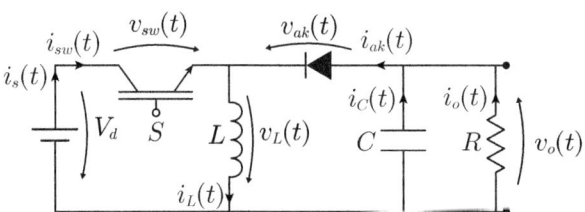

Figura 4.1 Esquema del convertidor reductor-elevador.

4.2 Modo de Conducción Continua

Se va a realizar un primer análisis suponiendo que el convertidor se encuentra en Modo de Conducción Continua (MCC), por lo que se va a suponer que la intensidad por la bobina nunca se llega a anular.

Habrá pues que diferenciar en el análisis, dos tramos o intervalos de funcionamiento, uno en el que el interruptor de potencia conduce (ON), el cual se denominará intervalo de conducción; y otro en el que no conduce (OFF), el denominado intervalo de no conducción. Según el intervalo de operación, el circuito a analizar será distinto, tal y como se observa en la fig. 4.2a y la fig. 4.2b para ambos intervalos respectivamente.

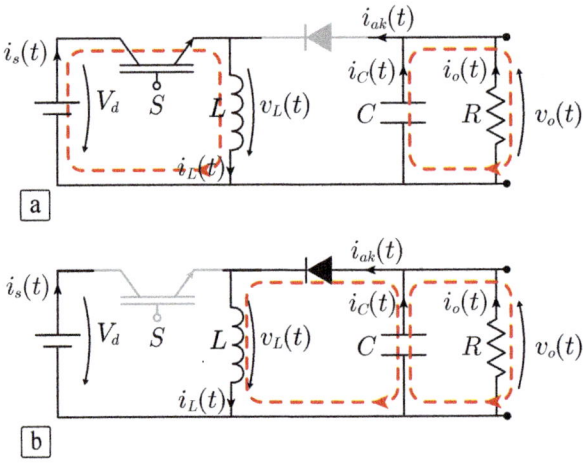

Figura 4.2 Intervalos de funcionamiento del convertidor reductor-elevador en MCC.

El circuito de la fig. 4.2a corresponde al intervalo de conducción, en el que el interruptor de potencia está en conducción, y el diodo se encuentra en polarización inversa, estando por tanto en estado de corte. Por otro lado, el circuito de la fig. 4.2b corresponde al intervalo de no conducción, en el que el interruptor de potencia está en estado de corte. Debido a ello, el diodo se encuentra en polarización directa proporcionando un camino a la corriente que circula por la bobina.

4.2.1   Análisis del intervalo de conducción

Analizando el circuito en el intervalo de conducción (fig. 4.2a) mediante las leyes de Kirchoff se obtiene que:

$$v_L = V_d \tag{4.1}$$

$$i_C = -i_o \tag{4.2}$$

$$i_s = i_L \tag{4.3}$$

$$v_{ak} = -V_d - v_o \tag{4.4}$$

Se observa que efectivamente el diodo está cortado al presentar una tensión ánodo-cátodo negativa. Por otro lado, las ecuaciones que gobiernan el comportamiento de una bobina son las siguientes:

$$v_L = L\frac{di_L}{dt} \tag{4.5}$$

$$i_L = \int \frac{v_L}{L}dt \tag{4.6}$$

Haciendo uso de las ecuaciones (4.1) y (4.6), se llega a la conclusión de que la expresión de la evolución de la corriente por la bobina en este primer intervalo del circuito en MCC es la siguiente:

$$i_L = \int \frac{v_L}{L}dt = \int \frac{V_d}{L}dt = \frac{V_d}{L}t + i_L^{min} \tag{4.7}$$

Como se observa, la expresión de la corriente que circula por la bobina es una recta con pendiente positiva V_d/L. Además, según la ecuación (4.2), la corriente por el condensador será aproximadamente constante asumiendo que el rizado de la tensión de salida es muy pequeño comparado con su valor medio.

4.2.2   Análisis del intervalo de no conducción

Las ecuaciones que definen el comportamiento del convertidor reductor-elevador operando en el MCC estando en el intervalo de no conducción, según la fig. 4.2b, son:

$$v_L = -V_o \tag{4.8}$$

$$i_L = i_C + i_o \tag{4.9}$$

$$i_s = 0 \tag{4.10}$$

Haciendo uso de las ecuaciones (4.6) y (4.8), se obtiene la expresión de la corriente por la bobina en este intervalo, del siguiente modo:

$$i_L = \int \frac{v_L}{L} dt = \int \frac{-V_o}{L} dt = \frac{-V_o}{L} t + i_L^{max} \tag{4.11}$$

Como se observa, la corriente por la bobina en este intervalo es una recta con pendiente negativa $-V_o/L$ y partiendo de un valor de origen i_L^{max}.

Una vez realizado el análisis de ambos intervalos y obtenidas las ecuaciones, se obtienen las formas de onda representadas en la fig. 4.3.

4.3   Modo de Conducción Discontinua

El modo de conducción discontinua (MCD) es aquel en el que la intensidad de la bobina se hace cero durante un intervalo de tiempo del periodo de trabajo T. Por tanto, además de los dos intervalos de funcionamiento que había en el MCC, habrá uno nuevo en el que la corriente por la bobina es nula. Así, el circuito a analizar será distinto en función del intervalo de funcionamiento. Se observa que los circuitos de la fig. 4.4a y la fig. 4.4b son iguales a los que había en el MCC. Por lo tanto, los análisis de estos dos circuitos darán lugar a las mismas ecuaciones que en el MCC, y lo que se debe realizar en el MCD es el análisis del circuito de la fig. 4.4c, del que se extraen las siguientes expresiones:

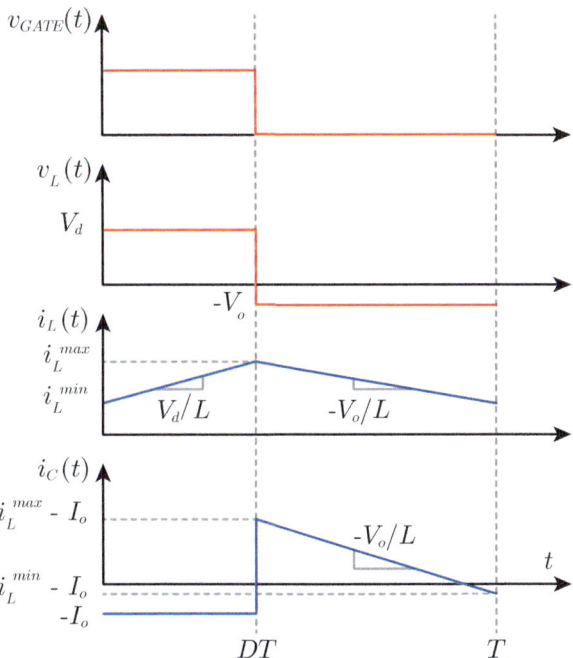

Figura 4.3 Curvas características del convertidor reductor-elevador en MCC.

$$v_L = 0 \tag{4.12}$$

$$i_C = -i_o \tag{4.13}$$

$$i_s = 0 \tag{4.14}$$

Como en MCD hay un intervalo más de funcionamiento, habrá que definir el tiempo que dura éste. Para ello, DT es la fracción del periodo de trabajo correspondiente al intervalo de conducción (correspondiente al circuito de la fig. 4.4a), D_1T se define como la fracción de periodo de trabajo correspondiente al intervalo de no conducción (correspondiente al circuito de la fig. 4.4b), y el resto de tiempo hasta completar el periodo, igual a $(1 - D - D_1)T$, será el tiempo correspondiente al circuito de la fig. 4.4c.

La evolución de las formas de onda características del convertidor reductor-elevador en un periodo de trabajo en MCD es la mostrada en la fig. 4.5.

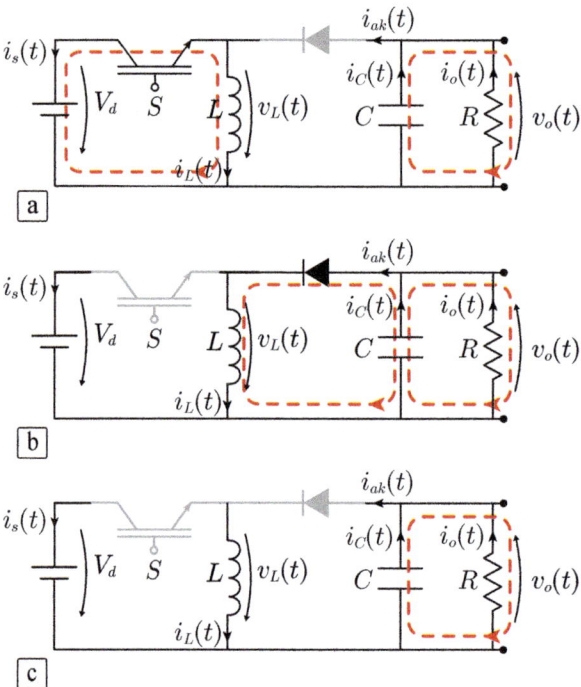

Figura 4.4 Intervalos de funcionamiento del convertidor reductor-elevador en MCD.

4.4 Límite entre modos de conducción

El límite entre el MCC y el MCD es aquel en el que la corriente por la bobina llega a ser cero, pero solo durante un instante, y no durante un periodo de tiempo. En ese caso: $i_L^{min} = 0$. Este punto de operación entre los dos modos de funcionamiento del convertidor se observa mejor en la fig. 4.6, donde se ha representado la corriente en la bobina justo en ese punto de operación (i_{LB}).

Si se calcula la corriente media por la bobina cuando el convertidor está operando en el límite entre MCC y MCD, se obtendrá I_{LB}. Si en un convertidor $I_L > I_{LB}$, éste estará operando en MCC; si $I_L < I_{LB}$, estará trabajando en MCD; y si $I_L = I_{LB}$ estará justo en el límite entre ambos modos de conducción.

$$I_{LB} = \frac{1}{T} \int_0^T i_{LB} dt = \frac{1}{T} T \frac{\Delta i_L}{2} = \frac{\Delta i_L}{2} \tag{4.15}$$

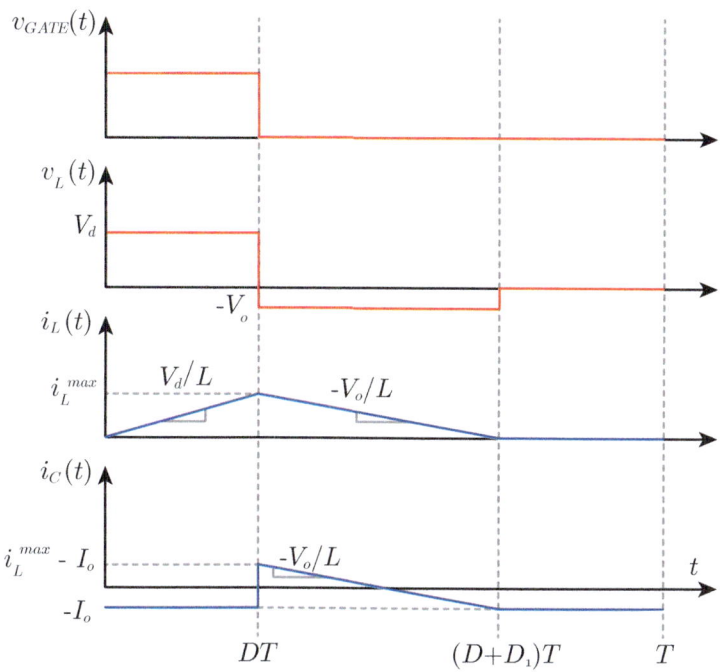

Figura 4.5 Curvas características del convertidor reductor-elevador en MCD.

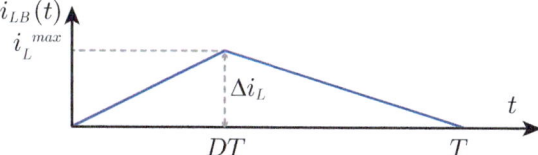

Figura 4.6 Evolución de la corriente por la bobina cuando el convertidor está operando en el límite entre MCC y MCD.

Este mismo razonamiento se puede hacer para la corriente media en la carga, considerando la variable I_{oB} como valor para averiguar en qué modo de conducción se encuentra operando el convertidor. Al igual que cuando se consideró la corriente por la bobina, hay tres posibles casos: si en un convertidor se da que $I_o > I_{oB}$, éste estará trabajando en el MCC; si $I_o < I_{oB}$, estará operando en MCD; y si $I_o = I_{oB}$, estará trabajando justo en el límite entre ambos modos. Para calcular I_{oB} se utilizan todas las expresiones de i_o para cada uno de los intervalos de funcionamiento del convertidor:

$$I_{oB} = \frac{1}{T} \int_0^T i_{oB} dt = \frac{1}{T} \left[\int_0^{DT} -i_{CB} dt + \int_{DT}^T (i_{LB} - i_{CB}) dt \right] =$$

$$= \frac{1}{T}(1-D)T\frac{\Delta i_L}{2} = (1-D)I_{LB} \tag{4.16}$$

donde se ha tenido en cuenta que el convertidor está operando en régimen permanente y por tanto se debe cumplir que la corriente media por el condensador en un periodo de trabajo debe ser nula.

4.5 Parámetros del convertidor en MCC

4.5.1 Rizado de corriente en la bobina

El rizado de la corriente en la bobina en MCC se define como:

$$\Delta i_L = i_L^{max} - i_L^{min} \tag{4.17}$$

Para determinar el rizado de la corriente en la bobina puede hacer uso de las expresiones (4.7) y (4.11), obtenidas previamente, que expresaban la evolución de la corriente por la bobina en los dos intervalos de funcionamiento. De este modo:

$$\Delta i_L = \frac{V_d}{L}DT = \frac{V_o}{L}(1-D)T \tag{4.18}$$

4.5.2 Relación entre la tensión de entrada y la tensión de salida

Partiendo de las expresiones introducidas en (4.18), y operando adecuadamente, se obtiene lo siguiente:

$$V_d D = V_o(1 - D)$$

$$V_o = V_d \frac{D}{1 - D} \tag{4.19}$$

Esta última expresión es la que relaciona la tensión de entrada con la de salida en función del valor del duty cycle D. Mediante esta expresión se aprecia que el convertidor puede funcionar como reductor ó bien como elevador en función del valor del duty cycle D aplicado. Estudiando la expresión (4.19), si $D \in [0,0.5)$, el convertidor reducirá la tensión, mientras que si $D \in (0.5,1]$, el convertidor elevará la tensión. Cuando $D = 0.5$, la tensión de salida será igual a la tensión de entrada.

4.5.3 Corriente media por la bobina

La corriente media que circula por la bobina se define como:

$$I_L = \frac{1}{T} \int_0^T i_L dt \tag{4.20}$$

Como ya se dispone de la expresión de i_L en todo el periodo, esta integral se puede calcular analíticamente. Sin embargo, es posible resolver esta integral gracias a determinar el área bajo la curva de i_L con ayuda de la fig. 4.3. El área bajo esta curva se puede descomponer como un rectángulo de base T y de altura i_L^{min} y un triángulo de base T y altura Δi_L. Empleando esto, se obtiene que:

$$I_L = \frac{1}{T} \int_0^T i_L dt = \frac{1}{T} \left(i_L^{min} T + T \frac{\Delta i_L}{2} \right) = i_L^{min} + \frac{\Delta i_L}{2} \tag{4.21}$$

Despejando i_L^{min} de la ecuación (4.21), y recordando la definición del rizado de corriente por la bobina, se puede obtener lo siguiente:

$$i_L^{min} = I_L - \frac{\Delta i_L}{2} \tag{4.22}$$

$$i_L^{max} = I_L + \frac{\Delta i_L}{2} \tag{4.23}$$

Las ecuaciones (4.22) y (4.23) permiten saber que el valor medio de la corriente por la bobina es justo el valor medio de los valores límite del rizado de la corriente que circula por ella, es decir:

$$I_L = \frac{i_L^{max} + i_L^{min}}{2} \tag{4.24}$$

4.5.4 Corriente media de salida

Se define la corriente media a la salida del convertidor como:

$$I_o = \frac{1}{T} \int_0^T i_o dt \tag{4.25}$$

Haciendo uso de las ecuaciones en las que se tiene la evolución de la corriente de salida, (4.2) y (4.9), se puede resolver la integral considerando los dos intervalos de funcionamiento del convertidor:

$$I_o = \frac{1}{T} \left(\int_0^{DT} -i_C dt + \int_{DT}^T (i_L - i_C) dt \right) \tag{4.26}$$

Además, la corriente media en el condensador debe ser nula asumiendo que el convertidor está operando en régimen permanente. Por tanto, se obtiene que:

$$I_o = \frac{1}{T} \int_{DT}^T i_L dt = \frac{1}{T} \left(i_L^{min}(1-D)T + \frac{\Delta i_L}{2}(1-D)T \right) =$$

$$= (1-D)\left(i_L^{min} + \frac{\Delta i_L}{2} \right) = (1-D)I_L \tag{4.27}$$

4.5.5 Corriente media de entrada

Gracias a las expresiones (4.3) y (4.10), se puede calcular la corriente media de la fuente de entrada como:

$$I_s = \frac{1}{T}\int_0^T i_s dt = \frac{1}{T}\int_0^{DT} i_L dt = \frac{1}{T}\left(i_L^{min}DT + DT\frac{\Delta i_L}{2}\right) = DI_L \qquad (4.28)$$

4.5.6 Rizado de la tensión de salida

El rizado de la tensión de salida puede expresarse de diferentes modos. Así, se puede definir como un rizado de tensión expresado en voltios, en por unidad, o en porcentaje mediante las siguientes ecuaciones:

$$\Delta v_o[V] = \frac{\Delta Q}{C} \qquad (4.29)$$

$$\frac{\Delta v_o}{V_o}[\text{pu}] = \frac{\Delta Q}{CV_o} \qquad (4.30)$$

$$\frac{\Delta v_o}{V_o}[\%] = 100\frac{\Delta Q}{CV_o} \qquad (4.31)$$

siendo ΔQ el valor absoluto de la variación de carga (bien sea positiva o negativa) en el condensador durante un periodo de trabajo. Esto se puede calcular como el área positiva o negativa de la corriente i_C, en valor absoluto.

Como ejemplo, considerando el convertidor reductor-elevador operando en MCC, y para determinar el rizado de la tensión de salida expresado por unidad, hay que observar la corriente que circula por el condensador de salida mostrada en la fig. 4.3. En este caso, se obtiene que:

$$\frac{\Delta v_o}{V_o}[\text{pu}] = \frac{\Delta Q}{CV_o} = \frac{DTI_o}{CV_o} \qquad (4.32)$$

donde hay que hacer notar que esta expresión es sólo válida si $i_L^{min} - I_o \geq 0$.

Sin embargo, si $i_L^{min} - I_o < 0$ se puede acudir a la fig. 4.7 donde se representa la corriente por el condensador de salida cumpliendo dicha condición. En este caso se observa que para calcular la variación de carga en el condensador hay que tener en cuenta el área del triángulo sombreado en rojo. Sin embargo, se desconoce cuándo la corriente por el condensador será cero, es decir, no se conoce la duración de δT. Para calcularlo, se hará uso de la semejanza entre el triángulo sombreado en rojo y el triángulo descrito por los tres vértices marcados en verde, del siguiente modo:

$$\frac{\delta T}{(1-D)T} = \frac{i_L^{max} - I_o}{i_L^{max} - i_L^{min}} = \frac{i_L^{max} - I_o}{\Delta i_L}$$

$$\delta = (1-D)\frac{i_L^{max} - I_o}{\Delta i_L}$$

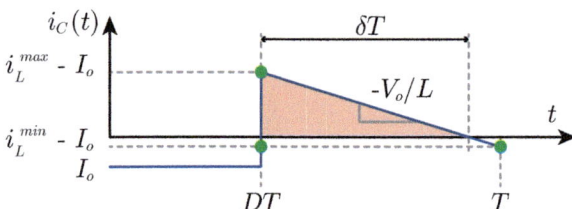

Figura 4.7 Evolución de la corriente por el condensador de salida del convertidor reductor-elevador en MCC si $i_L^{min} - I_o < 0$.

Y por lo tanto, el valor del rizado de tensión a la salida se puede determinar como:

$$\frac{\Delta V_o}{V_o}[\text{pu}] = \frac{\delta T (i_L^{max} - I_o)}{2CV_o} = \frac{(i_L^{max} - I_o)^2}{2CV_o \Delta i_L}(1-D)T \tag{4.33}$$

4.6 Parámetros del convertidor en MCD

4.6.1 Rizado de la corriente en la bobina

Gracias a conocer las expresiones de la corriente a través de la bobina en los dos intervalos de funcionamiento es posible determinar el rizado de corriente en la bobina como:

$$\Delta i_L = i_L^{max} = \frac{V_d}{L}DT = \frac{V_o}{L}D_1T \tag{4.34}$$

4.6.2 Relación entre la tensión de entrada y la tensión de salida

Partiendo de las expresiones introducidas en (4.34), se puede obtener la expresión que relaciona las tensiones de entrada y salida del convertidor reductor-elevador en MCD:

$$V_dD = V_oD_1$$
$$V_o = V_d\frac{D}{D_1} \tag{4.35}$$

4.6.3 Corriente media por la bobina

Calculando el área bajo la curva de i_L representada en la fig. 4.5, se tiene que:

$$I_L = \frac{1}{T}\int_0^T i_L dt = \frac{1}{T}(D+D_1)T\frac{\Delta i_L}{2} = (D+D_1)\frac{\Delta i_L}{2} \tag{4.36}$$

4.6.4 Corriente media de salida

La corriente media a la salida se define como:

$$I_o = \frac{1}{T} \int_0^T i_o dt \tag{4.37}$$

Haciendo uso de las ecuaciones que dan a conocer la evolución de la corriente de salida, las ecuaciones (4.2), (4.9) y (4.13), se puede calcular esta integral haciendo una integral por partes considerando cada uno de los intervalos de funcionamiento del convertidor:

$$I_o = \frac{1}{T} \int_0^T i_o dt = \frac{1}{T} \left(\int_0^{DT} -i_C dt + \int_{DT}^{(D+D_1)T} (i_L - i_C) dt + \int_{(D+D_1)T}^T -i_C dt \right)$$

Haciendo uso de que I_c es cero asumiendo una operación en régimen permanente del convertidor reductor-elevador, se obtiene finalmente que:

$$I_o = \frac{1}{T} \int_{DT}^{(D+D_1)T} i_L dt = \frac{1}{T} \left(D_1 T \frac{\Delta i_L}{2} \right) = D_1 \frac{\Delta i_L}{2} \tag{4.38}$$

4.6.5 Corriente media de entrada

Gracias a que se tienen las expresiones (4.3), (4.10) y (4.14), se puede calcular la corriente media de la fuente de entrada como:

$$I_s = \frac{1}{T} \int_0^T i_s dt = \frac{1}{T} \int_0^{DT} i_L dt = \frac{1}{T} DT \frac{\Delta i_L}{2} = D \frac{\Delta i_L}{2} \tag{4.39}$$

4.6.6 Rizado de la tensión de salida

Para el cálculo del rizado de la tensión de salida del convertidor reductor-elevador en MCD, hay que tener en cuenta la corriente que circula por el condensador que se muestra en la fig. 4.8. En esta caso, para el cálculo de la variación de carga ΔQ, lo más fácil será calcular el área positiva de dicha curva, es decir, el área sombreada en rojo en la fig. 4.8. Sin embargo, para calcular este área, se desconoce cuándo la corriente por el condensador será cero, es decir, no se conoce la duración de δT. Para calcularlo, se hará uso de la semejanza entre el triángulo sombreado en rojo ya mencionado, y el triángulo descrito por los tres vértices marcados en verde:

$$\frac{\delta T}{D_1 T} = \frac{i_L^{max} - I_o}{\Delta i_L} = \frac{\Delta i_L - I_o}{\Delta i_L}$$

$$\delta = D_1 \frac{\Delta i_L - I_o}{\Delta i_L} \tag{4.40}$$

De este modo, el valor del rizado de tensión a la salida es:

$$\frac{\Delta v_o}{V_o} = \frac{\delta T (i_L^{max} - I_o)}{2CV_o} = D_1 T \frac{(\Delta i_L - I_o)^2}{2CV_o \Delta i_L} \tag{4.41}$$

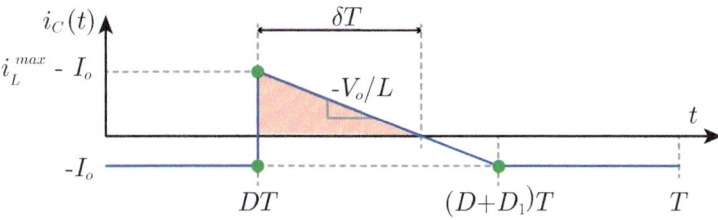

Figura 4.8 Evolución de la corriente por el condensador del convertidor reductor-elevador en MCD.

4.7 Balance de potencia

En el capítulo 1 se introdujo el concepto del balance de potencia, obteniéndose la siguiente expresión general:

$$V_d I_s = V_o I_o \tag{4.42}$$

En el convertidor reductor-elevador en MCC se cumple que la corriente media suministrada por la fuente de entrada es igual a $I_s = DI_L$. De este modo:

$$V_d DI_L = V_o I_o \tag{4.43}$$

Por otro lado, en el convertidor reductor-elevador en MCD se cumple que:

$$V_d D \frac{\Delta i_L}{2} = V_o I_o \tag{4.44}$$

En esta expresiones, habrá que sustituir la corriente media I_o con la expresión correspondiente al modo de funcionamiento en el que se encuentre el convertidor.

4.8   Corrientes y tensiones máximas por el diodo y el interruptor de potencia

Observando los circuitos equivalentes de la fig. 4.2 y la fig. 4.4, se puede conocer la evolución de las corrientes y las tensiones por el diodo (v_{ak} e i_{ak}) y de las correspondientes del interruptor de potencia (v_{sw} e i_{sw}). La evolución de dichas tensiones y corrientes, tanto en MCC como en MCD se puede observar en la fig. 4.9a y fig. 4.9b, respectivamente.

De este modo, las tensiones y corrientes máximas por el diodo y por el interruptor de potencia, tanto si está operando en MCC como en MCD son las siguientes:

$$|v_{ak}^{max}| = V_d + V_o \tag{4.45}$$

$$i_{ak}^{max} = i_L^{max} \tag{4.46}$$

$$v_{sw}^{max} = V_d + V_o \tag{4.47}$$

$$i_{sw}^{max} = i_L^{max} \tag{4.48}$$

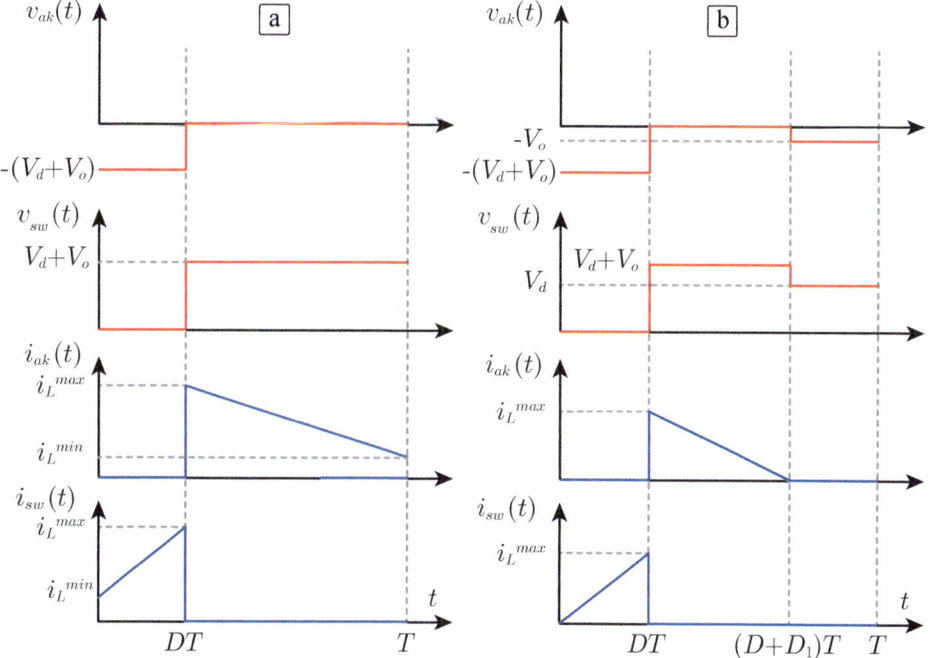

Figura 4.9 Evolución de las corrientes y tensiones por el diodo y el interruptor de potencia cuando el convertidor reductor-elevador está operando en a) MCC b) MCD.

5 Convertidor Ćuk

5.1 Introducción

En este capítulo se realizará el análisis del convertidor Ćuk que se muestra en la fig. 5.1. El convertidor Ćuk es un convertidor de tipo reductor-elevador con unas prestaciones mejoradas (fundamentalmente en cuanto a reducido ruido electromagnético presentando corrientes no pulsadas tanto a la entrada como a la salida) y que se usa en múltiples aplicaciones industriales tales como sistemas de alimentación de baja potencia, electrónica en automoción y sistemas de almacenamiento de energía, entre otras.

Tal como se puede observar, la topología del convertidor Ćuk presenta dos bobinas con inductancias L_1 y L_2, un interruptor de potencia cuyo estado de conducción se comanda con la señal de control S, un diodo, dos condensadores con capacitancias C_1 y C, y una resistencia R, que emula la carga a la que está conectado el convertidor [1].

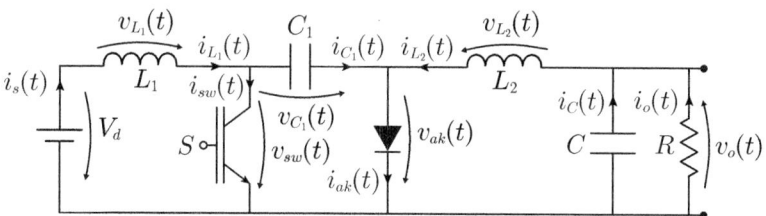

Figura 5.1 Esquema del convertidor Ćuk.

Para poder realizar el análisis de este convertidor, se tendrá en cuenta que la tensión media en un periodo en las bobinas L_1 y L_2 debe ser nula al estar el circuito en régimen permanente. Por otro lado, también se partirá de la premisa de que la tensión en el condensador C_1 es prácticamente constante, suponiendo que dicho condensador tiene un valor de capacidad lo suficientemente grande. El valor de dicha tensión constante puede determinarse analizando el circuito de la fig. 5.1, obteniéndose que:

$$v_{C_1} = -v_{L_1} + V_d + V_o - v_{L_2}$$
$$V_{C_1} = \frac{1}{T} \int_0^T v_{C_1} dt = \frac{1}{T} \int_0^T (-v_{L_1} + V_d + V_o - v_{L_2}) dt \qquad (5.1)$$

Además, como la tensión media de las bobinas en un periodo es nula, se tiene que:

$$\frac{1}{T} \int_0^T v_{L_1} dt = \frac{1}{T} \int_0^T v_{L_2} dt = 0 \qquad (5.2)$$

con lo que finalmente se observa que:

$$V_{C_1} = V_d + V_o \qquad (5.3)$$

5.2 Modo de Conducción Continua

Se va a realizar un primer análisis suponiendo que el convertidor se encuentra en Modo de Conducción Continua (a partir de ahora MCC). En el convertidor Ćuk, los modos de conducción se establecen en función de que la corriente en el diodo se llegue a anular antes del final del periodo de trabajo o no. En el MCC, se tendrá que la corriente por el diodo no se llega a anular antes del final del periodo de trabajo.

En el MCC, hay que diferenciar dos tramos o intervalos de funcionamiento, uno en el que el interruptor de potencia conduce (ON), el cual se denominará intervalo de conducción; y otro en el que está cortado (OFF), el denominado intervalo de no conducción. Según el intervalo de funcionamiento, el circuito a analizar será distinto, tal y como se observa en la fig. 5.2. El circuito de la fig. 5.2a corresponde al intervalo de conducción, en el que el interruptor de potencia está en conducción y el diodo se encuentra en polarización inversa, de tal modo que tenemos tres mallas bien diferenciadas. Por otro lado, el circuito de la fig. 5.2b corresponde al intervalo de no conducción, en el que el interruptor de potencia está cortado. Debido a ello, el diodo se encuentra en polarización directa dejando pasar la corriente a través de él y formándose de nuevo tres mallas en el circuito.

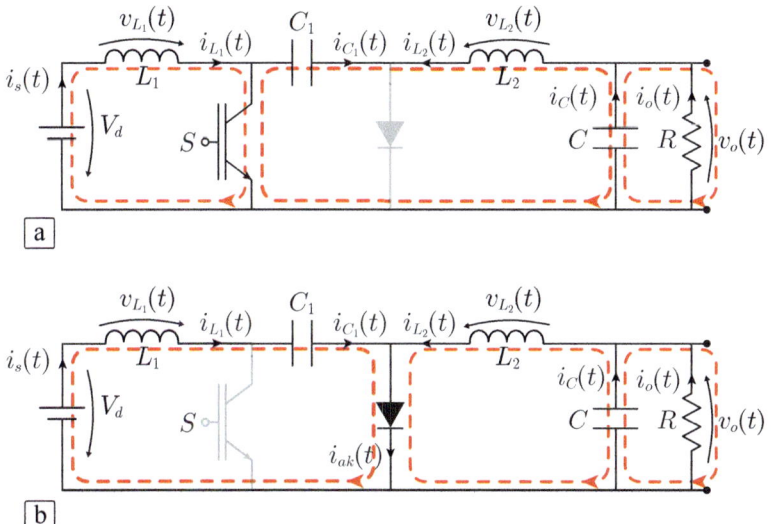

Figura 5.2 Circuitos equivalentes del convertidor Ćuk para los diferentes intervalos de funcionamiento en MCC.

5.2.1 Análisis del intervalo de conducción

Si se empieza analizando el circuito en el intervalo de conducción, se obtienen las siguientes expresiones sin más que aplicar las leyes de Kirchoff:

$$v_{L_1} = V_d \tag{5.4}$$

$$v_{L_2} = V_{C1} - V_o = V_d \tag{5.5}$$

$$i_{C_1} = -i_{L2} \tag{5.6}$$

$$i_C = i_{L2} - i_o \tag{5.7}$$

$$i_s = i_{L_1} \tag{5.8}$$

$$v_{ak} = -v_{C_1} = -V_d - V_o \tag{5.9}$$

Se observa que efectivamente el diodo está cortado al presentar una tensión ánodo-cátodo negativa. Por otro lado, las ecuaciones que gobiernan el comportamiento de una bobina son las siguientes:

$$v_L = L\frac{di_L}{dt} \tag{5.10}$$

$$i_L = \int \frac{v_L}{L} dt \tag{5.11}$$

Haciendo uso de las ecuaciones (5.4), (5.5) y (5.11), se llega a la conclusión de que la expresión de la corriente por las bobinas en este primer intervalo del circuito en MCC son las siguientes:

$$i_{L_1} = \int \frac{v_{L_1}}{L_1} dt = \int \frac{V_d}{L_1} dt = \frac{V_d}{L_1} t + i_{L_1}^{min} \tag{5.12}$$

$$i_{L_2} = \int \frac{v_{L_2}}{L_2} dt = \int \frac{V_d}{L_2} dt = \frac{V_d}{L_2} t + i_{L_2}^{min} \tag{5.13}$$

Como se observa, la expresión (5.12) nos da a conocer que la corriente que circula por L_1 es una recta con pendiente positiva $m_{11} = V_d/L_1$, y la expresión (5.13) nos indica que la corriente que circula por L_2 es una recta con pendiente positiva $m_{12} = V_d/L_2$.

5.2.2 Análisis del intervalo de no conducción

Las ecuaciones que definen su comportamiento del circuito equivalente en el intervalo de no conducción, según la fig. 5.2b, son:

$$v_{L_1} = V_d - V_{C_1} = -V_o \tag{5.14}$$

$$v_{L_2} = -V_o \tag{5.15}$$

$$i_{C_1} = i_{L_1} \tag{5.16}$$

$$i_C = i_{L_2} - i_o \tag{5.17}$$

$$i_s = i_{L_1} \tag{5.18}$$

Del mismo modo en que se procedió anteriormente, haciendo uso de las ecuaciones (5.14), (5.15) y (5.11) se obtienen las expresiones de las corrientes por la bobinas en este intervalo:

$$i_{L_1} = \int \frac{v_{L_1}}{L_1} dt = \int \frac{-V_o}{L_1} dt = -\frac{V_o}{L_1} t + i_{L_1}^{max} \tag{5.19}$$

$$i_{L_2} = \int \frac{v_{L_2}}{L_2} dt = \int \frac{-V_o}{L_2} dt = -\frac{V_o}{L_2} t + i_{L_2}^{max} \tag{5.20}$$

Las expresión (5.19) indica que la corriente que circula por L_1 es una recta con pendiente $m_{21} = {}^{-V_o}/_{L_1}$, y la expresión (5.20) indica que la corriente que circula por L_2 es una recta con una pendiente $m_{22} = {}^{-V_o}/_{L_2}$. Estas pendientes m_{21} y m_{22} son negativas. Esto se puede asegurar al recordar que se asume que el circuito se encuentra en régimen permanente y que la corriente en la bobina no puede cambiar instantáneamente su valor. Por tanto, y al tener en el convertidor un funcionamiento periódico, el valor de las corrientes por las bobinas al terminar el segundo intervalo en MCC debe ser igual al valor de las corrientes al inicio del periodo de trabajo T. Por tanto, al cumplirse en el primer intervalo en MCC que las corrientes en la bobinas eran crecientes, en el segundo intervalo en MCC deben ser corrientes decrecientes, forzándose entonces a que m_{21} y m_{22} sean negativas.

Tras este análisis, se obtienen las curvas características del convertidor Ćuk operando en MCC, representadas en la fig. 5.3.

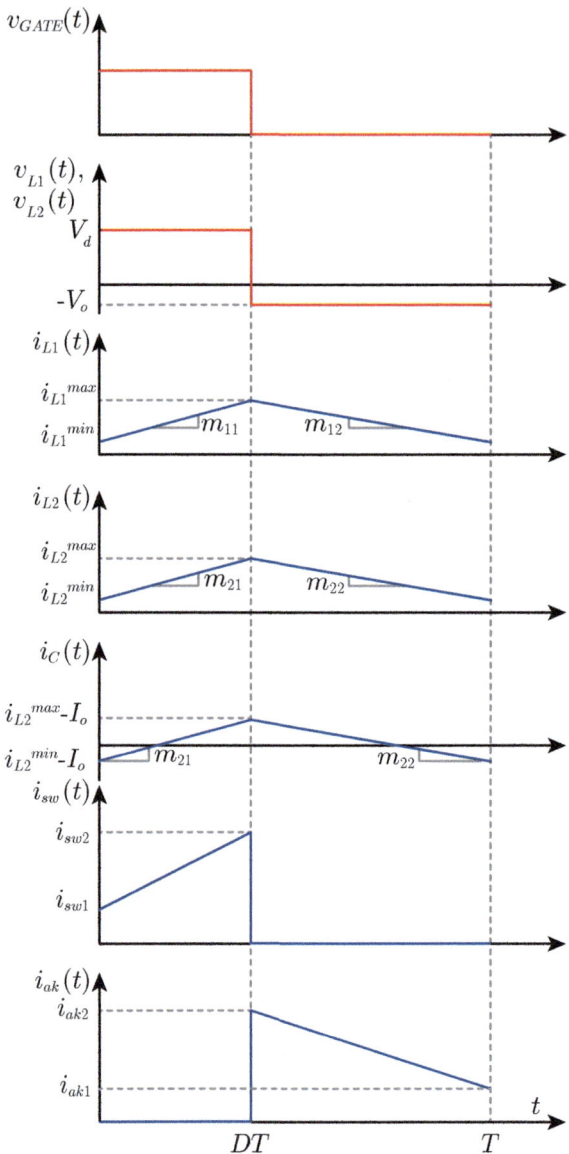

Figura 5.3 Curvas características del convertidor Ćuk operando en MCC.

En el MCC, hay que destacar la posibilidad de que la corriente por alguna de las dos bobinas cambie de signo en algún momento del periodo de trabajo T. Si la corriente que cambia de signo es la de la bobina 1, se obtienen las curvas de la fig. 5.4. Si, por el contrario, la corriente que cambia de signo es la de la bobina 2, se obtienen las curvas de la fig. 5.5. Sin embargo, esto no implica que se entre en modo de conducción discontinua, pues para que esto ocurra la corriente que ha de anularse es la del diodo. De hecho, se puede observar que en el circuito del convertidor Ćuk mostrado en la 5.1, siempre que el diodo esté conduciendo, se cumple que:

$$i_{ak} = i_{L_1} + i_{L_2} \tag{5.21}$$

Dada esta expresión, siempre se podrán calcular los valores máximo y mínimo de la corriente que circula a través del diodo, i_{ak_2} e i_{ak_1} respectivamente, como:

$$i_{ak_2} = i_{L_1}^{max} + i_{L_2}^{max}$$
$$i_{ak_1} = i_{L_1}^{min} + i_{L_2}^{min} \tag{5.22}$$

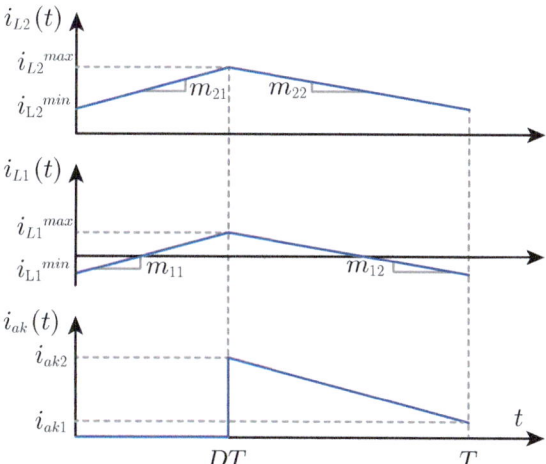

Figura 5.4 Curvas características del convertidor Ćuk en MCC cuando la corriente por la bobina 1 llega a ser negativa.

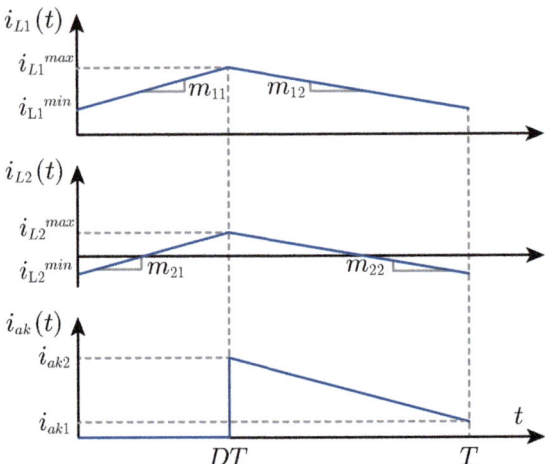

Figura 5.5 Curvas características del convertidor Ćuk en MCC cuando la corriente por la bobina 2 llega a ser negativa.

5.3 Modo de Conducción Discontinua (MCD)

El modo de conducción discontinua (MCD) en este convertidor es aquel en el que la intensidad que circula por el diodo se hace cero durante parte del periodo de trabajo T. Además de los dos intervalos de funcionamiento que había en MCC, aparecerá un intervalo de funcionamiento nuevo en el que, con el interruptor de potencia en estado de corte, la corriente por el diodo se anula con lo que el diodo se corta. En resumen, según el intervalo de funcionamiento en el que se esté operando, el circuito equivalente a analizar será distinto, tal y como muestra la fig. 5.6.

Los circuitos equivalentes mostrados en la 5.6a y 5.6b son iguales a los que había en el MCC para los intervalos de conducción y no conducción. Por lo tanto, los análisis de estos dos circuitos dan lugar a las mismas ecuaciones que en el MCC, y lo el único desarrollo novedoso que se debe realizar en el MCD es el análisis del circuito de la fig. 5.6c, del que se extraen las siguientes expresiones:

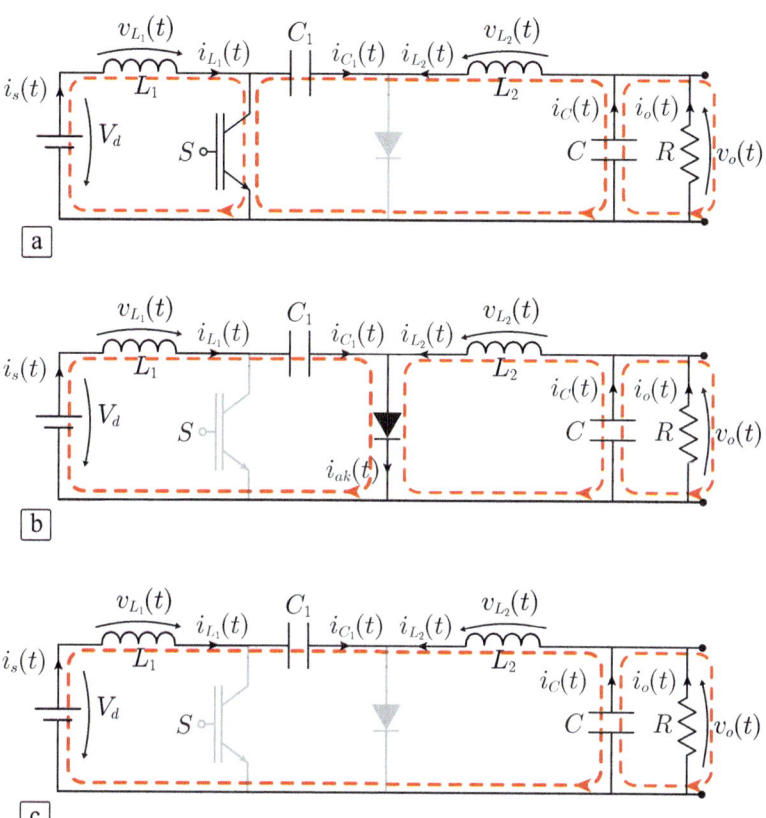

Figura 5.6 Circuitos equivalentes del convertidor Ćuk para los diferentes intervalos de funcionamiento en MCD.

$$v_{L_1} = V_d + V_o + v_{L_2} - v_{C_1} = v_{L_2} = 0 \tag{5.23}$$

$$i_{L_1} = -i_{L_2} \tag{5.24}$$

$$i_C = i_{L_2} - i_o \tag{5.25}$$

$$i_s = i_{L_1} \tag{5.26}$$

La expresión (5.23) se ha obtenido partiendo de la expresión (5.3), concluyéndose que la tensión en ambas bobinas es la misma. Además gracias a (5.24), se concluye que esta tensión es cero, dado que la corriente por ambas bobinas es constante en este intervalo. Así, la evolución de las tensiones y corrientes características del convertidor en un periodo

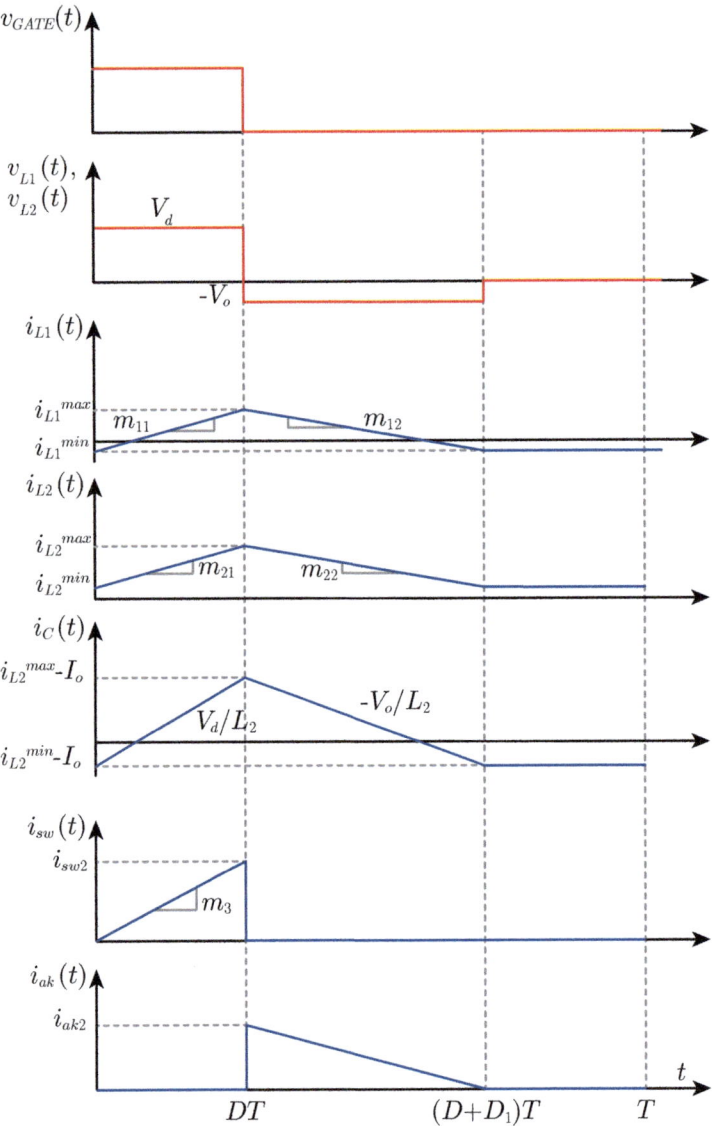

Figura 5.7 Curvas características del convertidor Ćuk operando en MCD.

operando en MCD, una vez obtenidas las ecuaciones, será la mostrada en la fig. 5.7.

Como en MCD hay un intervalo más de funcionamiento, habrá que definir el tiempo que dura éste. Para ello, DT es la fracción del periodo T correspondiente al intervalo de conducción correspondiente al circuito de la fig. 5.6a, D_1T se define como la fracción de periodo T correspondiente al intervalo de no conducción (correspondiente al circuito de la fig. 5.6b). Hay que hacer notar que el tiempo de este segundo intervalo (D_1T) es el tiempo que el diodo está en estado de conducción durante el periodo de trabajo T. El resto de tiempo hasta completar el periodo, igual a $(1 - D - D_1)T$, será el tiempo correspondiente al tercer intervalo de funcionamiento del convertidor, cuyo circuito equivalente de la fig. 5.6c.

Obsérvese que, si el convertidor se encuentra en el MCD, obligatoriamente una de las corrientes por las bobinas ha de hacerse negativa, para poder satisfacer la ecuación (5.24). La corriente que se hace negativa puede ser la que circula por L_1, como se puede observar en la fig. 5.7, o bien la que circula por L_2.

5.4 Parámetros del convertidor en MCC

5.4.1 Rizado de corriente en las bobinas

El rizado de la corriente por la bobina en MCC se define como:

$$\Delta i_L = i_L^{max} - i_L^{min} \tag{5.27}$$

En este convertidor hay dos bobinas, por lo que habrá que calcular sus correspondientes rizados de corriente. En la ecuación (5.27), i_L^{max} y i_L^{min} son los valores máximo y mínimo de la corriente que circula por una bobina. Se puede hacer uso de las expresiones (5.12), (5.13), (5.19) y (5.20) obtenidas previamente, que indicaban la evolución de la corrientes por ambas bobinas en los dos intervalos de funcionamiento. De este modo:

$$\Delta i_{L_1} = m_{11}DT = \frac{V_d}{L_1}DT = -m_{12}(1-D)T = \frac{V_o}{L_1}(1-D)T \tag{5.28}$$

$$\Delta i_{L_2} = m_{21}DT = \frac{V_d}{L_2}DT = -m_{22}(1-D)T = \frac{V_o}{L_2}(1-D)T \tag{5.29}$$

Nótese que a partir de ahora se hará uso del valor constante V_o en lugar de v_o para la tensión de salida, tal y como se indicó en las suposiciones iniciales.

5.4.2   Relación entre la tensión de entrada y la tensión de salida

Partiendo de las expresiones (5.28) que permiten obtener el rizado de corriente en la bobina L_1, se obtiene que:

$$\frac{V_d}{L_1}DT = \frac{V_o}{L_1}(1-D)T$$
$$V_dD = V_o(1-D)$$
$$V_o = V_d\frac{D}{1-D} \tag{5.30}$$

Procediendo del mismo modo para la bobina L_2, partiendo de las ecuaciones presentes en (5.29), se obtiene que:

$$\frac{V_d}{L_2}DT = \frac{V_o}{L_2}(1-D)T$$
$$V_dD = V_o(1-D)$$
$$V_o = V_d\frac{D}{1-D} \tag{5.31}$$

Las expresiones obtenidas (5.30) y (5.31) son coherentes entres si y relacionan la tensión de salida con la tensión de entrada, en función del valor de duty cycle.

5.4.3   Corriente media por las bobinas

La corriente media que circula por la bobina se define como:

$$I_L = \frac{1}{T}\int_0^T i_L dt \tag{5.32}$$

Como ya se dispone de la expresión de i_{L_1} y i_{L_2} en todo el periodo, esta integral se puede calcular analíticamente. Sin embargo, otro modo es hallar el área bajo la curva de i_{L_1} y i_{L_2}. En este caso, hay que distinguir varias situaciones en función de que las corrientes por ambas bobinas sean positivas durante todo el periodo de trabajo o bien cuando una de ellas cambie de signo en algún instante de dicho periodo.

El caso donde ambas corrientes son siempre positivas se puede estudiar con ayuda de la fig. 5.3. El área bajo i_{L_1} se puede descomponer como un rectángulo de base T y de altura $i_{L_1}^{min}$ y un triángulo de base T y altura Δi_{L_1}. El área bajo i_{L_2} se puede descomponer como un rectángulo de base T y de altura $i_{L_2}^{min}$ y un triángulo de base T y altura Δi_{L_2}. Empleando esto, se obtiene que:

$$I_{L_1} = \frac{1}{T} \int_0^T i_{L_1} dt = \frac{1}{T}\left(i_{L_1}^{min} T + \frac{\Delta i_{L_1}}{2} T \right) = i_{L_1}^{min} + \frac{\Delta i_{L_1}}{2} \tag{5.33}$$

$$I_{L_2} = \frac{1}{T} \int_0^T i_{L_2} dt = \frac{1}{T}\left(i_{L_2}^{min} T + \frac{\Delta i_{L_2}}{2} T \right) = i_{L_2}^{min} + \frac{\Delta i_{L_2}}{2} \tag{5.34}$$

Despejando $i_{L_1}^{min}$ y $i_{L_2}^{min}$ de las ecuaciones (5.33) y (5.34) respectivamente, y recordando la definición del rizado de corriente por la bobina, ecuación (5.27), se puede obtener lo siguiente:

$$i_{L_1}^{min} = I_{L_1} - \frac{\Delta i_{L_1}}{2} \tag{5.35}$$

$$i_{L_1}^{max} = I_{L_1} + \frac{\Delta i_{L_1}}{2} \tag{5.36}$$

$$i_{L_2}^{min} = I_{L_2} - \frac{\Delta i_{L_2}}{2} \tag{5.37}$$

$$i_{L_2}^{max} = I_{L_2} + \frac{\Delta i_{L_2}}{2} \tag{5.38}$$

Las ecuaciones (5.35), (5.36), (5.37) y (5.38) permiten saber que el valor de la corriente media por cada bobina es justo el valor medio de los valores límite del rizado de la corriente que circula por dicha bobina, es decir,

$$I_{L_1} = \frac{i_{L_1}^{max} + i_{L_1}^{min}}{2} \tag{5.39}$$

$$I_{L_2} = \frac{i_{L_2}^{max} + i_{L_2}^{min}}{2} \tag{5.40}$$

Por otro lado, si se estudia el caso en el que una de las bobinas se hace negativa, se puede acudir por ejemplo a la fig. 5.4 donde la corriente por la bobina 1 se hace negativa, cumpliéndose que:

$$I_{L_1} = \frac{1}{T} \int_0^T i_{L_1} dt = \frac{1}{T} \left(\frac{(1-\delta)T i_{L_1}^{min}}{2} + \frac{\delta T i_{L_1}^{max}}{2} \right) = \frac{i_{L_1}^{min} + \delta \Delta i_{L_1}}{2} \tag{5.41}$$

$$\frac{\delta T}{T} = \frac{i_{L_1}^{max}}{\Delta i_{L_1}} \tag{5.42}$$

Sustituyendo la expresión (5.42) en la ecuación (5.41), finalmente se tiene que:

$$I_{L_1} = \frac{i_{L_1}^{min} + i_{L_1}^{max}}{2} \tag{5.43}$$

Por otro lado, para la bobina 2 se tiene que:

$$I_{L_2} = \frac{1}{T} \int_0^T i_{L_2} dt = \frac{1}{T} \left(i_{L_2}^{min} T + \frac{T \Delta i_{L_2}}{2} \right) = i_{L_2}^{min} + \frac{\Delta i_{L_2}}{2} = \frac{i_{L_2}^{min} + i_{L_2}^{max}}{2} \tag{5.44}$$

Las expresiones (5.43) y (5.44) son iguales a las expresiones (5.39) y (5.40) obtenidas suponiendo que ambas corrientes eran siempre positivas. El caso en el que la corriente por la bobina 2 es la que se hace negativa es un caso análogo al ya estudiado llegándose al mismo resultado. Por tanto, se demuestra que las ecuaciones resultantes son las mismas independientemente de si las corrientes por las bobinas se llegan a hacer negativas durante parte del periodo de trabajo o no.

5.4.4 Corriente media por el diodo

En el convertidor Ćuk mostrado en la 5.1 se cumple la expresión (5.21) que dice que, siempre que el diodo esté en estado de conducción, la corriente por el diodo es la suma de las corrientes por las bobinas. Por tanto, se debe cumplir que:

$$I_{ak} = \frac{1}{T} \int_0^T i_{ak} dt = \frac{1}{T} \int_{DT}^T (i_{L_1} + i_{L_2}) dt \tag{5.45}$$

Si las corrientes por las bobinas son siempre positivas (tal como se mostró en la fig. 5.3), se cumple que:

$$I_{ak} = \frac{1}{T} \left(\left[i_{L_1}^{min}(1-D)T + \frac{(1-D)T\Delta i_{L_1}}{2} \right] + \left[i_{L_2}^{min}(1-D)T + \frac{(1-D)T\Delta i_{L_2}}{2} \right] \right) =$$

$$= (1-D)(I_{L_1} + I_{L_2}) \tag{5.46}$$

Si por el contrario una de las corrientes que circulan por las bobinas cambia de signo durante el periodo de trabajo (por ejemplo la corriente a través de la bobina 1 tal como se muestra en la fig. 5.4), se cumple que:

$$I_{ak} = \frac{1}{T} \left(\left[\frac{i_{L_1}^{max} \delta_1 T}{2} + \frac{i_{L_1}^{min}(1-D-\delta_1)T}{2} \right] + \left[i_{L_2}^{min}(1-D)T + \frac{(1-D)T\Delta i_{L_2}}{2} \right] \right) =$$

$$= \left[\frac{i_{L_1}^{min}(1-D) + \delta_1 \Delta i_{L_1}}{2} \right] + \left[(1-D)\left(i_{L_2}^{min} + \frac{\Delta i_{L_2}}{2} \right) \right] \tag{5.47}$$

donde por semejanza de triángulos se tiene que:

$$\frac{\delta_1 T}{(1-D)T} = \frac{i_{L_1}^{max}}{\Delta i_{L_1}} \tag{5.48}$$

Sustituyendo la expresión (5.48) en la ecuación (5.47) finalmente se obtiene que:

$$I_{ak} = \left[(1-D)\frac{i_{L_1}^{min} + i_{L_1}^{max}}{2}\right] + \left[(1-D)\left(i_{L_2}^{min} + \frac{\Delta i_{L_2}}{2}\right)\right] = (1-D)(I_{L_1} + I_{L_2}) \qquad (5.49)$$

que coincide con la ecuación (5.46). Si es estudia el caso en el que la corriente por la bobina 2 es la que se hace negativa, se llega al mismo resultado. Esto demuestra que la expresión es válida independientemente de que una corriente que circula por las bobinas cambie de signo.

5.4.5   Corriente media a la salida

Se define la corriente media a la salida del convertidor como:

$$I_o = \frac{1}{T}\int_0^T i_o dt \qquad (5.50)$$

Haciendo uso de las ecuaciones en las que se tiene la evolución de la corriente de salida, (5.7) y (5.17):

$$I_o = \frac{1}{T}\int_0^T i_o dt = \frac{1}{T}\int_0^T (i_{L_2} - i_C)dt \qquad (5.51)$$

Además, la tensión media en un condensador no cambia, es decir:

$$\frac{1}{T}\int_0^T i_C dt = 0 \qquad (5.52)$$

Sabiendo esto, la ecuación (5.51) se simplifica, obteniéndose:

$$I_o = \frac{1}{T}\int_0^T i_{L_2} dt = I_{L_2} \qquad (5.53)$$

5.4.6 Corriente media de entrada

Gracias a que se tienen las expresiones (5.8) y (5.18), se puede calcular la corriente media de la fuente de entrada como:

$$I_s = \frac{1}{T} \int_0^T i_s dt = \frac{1}{T} \int_0^T i_{L_1} dt = I_{L_1} \tag{5.54}$$

5.4.7 Rizado de la tensión de salida

Se define el rizado de la tensión de salida, en por unidad, como:

$$\frac{\Delta v_o}{V_o} = \frac{\Delta Q}{C V_o} \tag{5.55}$$

siendo ΔQ la variación de carga en el condensador, la cual se puede calcular como el área positiva o negativa de la corriente i_C, en valor absoluto. Nótese que para el cálculo del rizado de tensión de salida se ha considerado el condensador C, dado que es el que está en paralelo con la resistencia de salida.

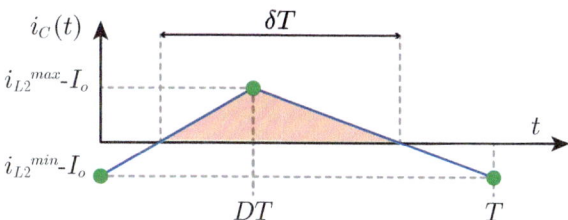

Figura 5.8 Evolución de la corriente por el condensador C.

Como se observa en la fig. 5.8, en este caso lo más sencillo es tener en cuenta únicamente el área del triángulo sombreado. Sin embargo, se desconoce cuándo la corriente por el condensador será cero, es decir, no se conoce la duración del intervalo de tiempo δT. Para calcularlo, se hará uso de la semejanza entre el triángulo sombreado en rojo ya mencionado, y el triángulo descrito por los tres vértices marcados en verde, del siguiente modo:

$$\frac{\delta T}{T} = \frac{i_{L_2}^{max} - I_o}{\Delta i_{L_2}}$$

$$\delta = \frac{i_{L_2}^{max} - I_o}{\Delta i_{L_2}} = \frac{1}{2} \tag{5.56}$$

Nótese que en la expresión (5.56) se ha empleado que $(i_{L_2}^{max} - I_o) = \Delta i_{L_2}/2$, ya que, según la ecuación (5.38) y la (5.53) se cumple que:

$$i_{L_2}^{max} = I_{L_2} + \frac{\Delta i_{L_2}}{2}$$

$$i_{L_2}^{max} - I_{L_2} = i_{L_2}^{max} - I_o = \frac{\Delta i_{L_2}}{2}$$

Por lo tanto, el valor del rizado de tensión a la salida será:

$$\Delta Q = \delta T \frac{i_{L_2}^{max} - I_o}{2} = T \frac{i_{L_2}^{max} - I_o}{4}$$

$$\frac{\Delta v_o}{V_o} = \frac{T(i_{L_2}^{max} - I_o)^2}{2CV_o \Delta i_{L_2}} = \frac{T \Delta i_{L_2}}{8CV_o} \tag{5.57}$$

5.5 Parámetros del convertidor en MCD

5.5.1 Rizado de la corriente en las bobinas

En el caso de este convertidor, el rizado de la corriente que circula por una bobina en MCD también se puede calcular como:

$$\Delta i_L = i_L^{max} - i_L^{min} \tag{5.58}$$

Si el convertidor está operando en el MCD, una de las corrientes a través de las bobinas se ha hecho negativa. Suponiendo por ejemplo que esto ocurre con la corriente por la bobina 1 (tal como se muestra en la fig. 5.9) se tiene que:

$$\Delta i_{L_1} = \frac{V_d}{L_1}DT = \frac{V_o}{L_1}D_1 T \qquad (5.59)$$

$$\Delta i_{L_2} = \frac{V_d}{L_2}DT = \frac{V_o}{L_2}D_1 T \qquad (5.60)$$

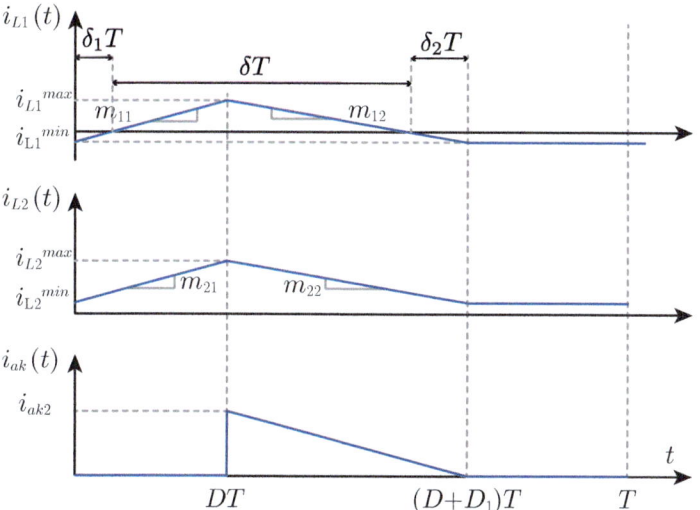

Figura 5.9 Corriente por las bobinas y por el diodo en MCD.

5.5.2   Relación entre la tensión de entrada y la tensión de salida

Como se observa en las ecuaciones (5.59) y (5.60), cada rizado de corriente puede calcularse con dos expresiones. Si para cada bobina estas expresiones se igualan, se obtienen las siguientes ecuaciones:

$$\frac{V_d}{L_1}DT = \frac{V_o}{L_1}D_1T \;\; ; \;\; V_o = V_d\frac{D}{D_1} \tag{5.61}$$

$$\frac{V_d}{L_2}DT = \frac{V_o}{L_2}D_1T \;\; ; \;\; V_o = V_d\frac{D}{D_1} \tag{5.62}$$

Como se observa se llega al mismo resultado con ambas bobinas, obteniéndose la ecuación que relaciona la tensión de entrada con la de salida para el convertidor trabajando en MCD.

5.5.3   Corriente media por las bobinas

Se procede como en MCC, hallando el área bajo la curva de i_{L_1} e i_{L_2} de la fig. 5.9 (el caso en el que la corriente por la bobina 2 que se hace negativa se puede considerar análogo y por tanto no se estudia). Por tanto, se tiene que:

$$I_{L_1} = \frac{1}{T}\int_0^T i_{L_1}dt = \frac{1}{T}\left(\frac{\delta_1 T i_{L_1}^{min}}{2} + \frac{\delta T i_{L_1}^{max}}{2} + \frac{\delta_2 T i_{L_1}^{min}}{2} + (1-D-D_1)Ti_{L_1}^{min}\right) \tag{5.63}$$

donde se cumple que:

$$\frac{\delta T}{(D+D_1)T} = \frac{i_{L_1}^{max}}{\Delta i_{L_1}} \tag{5.64}$$

$$\frac{\delta_1 T}{DT} = \frac{-i_{L_1}^{min}}{\Delta i_{L_1}} \tag{5.65}$$

$$\frac{\delta_2 T}{D_1 T} = \frac{-i_{L_1}^{min}}{\Delta i_{L_1}} \tag{5.66}$$

Así que finalmente se tiene que:

$$I_{L_1} = \frac{D+D_1}{2\Delta i_{L_1}}({i_{L_1}^{max}}^2 - {i_{L_1}^{min}}^2) + (1-D-D_1)i_{L_1}^{min} =$$

$$= \frac{D+D_1}{2}(i_{L_1}^{max} + i_{L_1}^{min}) + (1-D-D_1)i_{L_1}^{min} = i_{L_1}^{min} + (D+D_1)\frac{\Delta i_{L_1}}{2} \qquad (5.67)$$

Y para la bobina 2 se tiene que:

$$I_{L_2} = \frac{1}{T}\int_0^T i_{L_2}dt = \frac{1}{T}\left(i_{L_2}^{min}T + (D+D_1)T\frac{\Delta i_{L_2}}{2}\right) = i_{L_2}^{min} + (D+D_1)\frac{\Delta i_{L_2}}{2} \qquad (5.68)$$

En cuanto a la corriente mínima y máxima por las bobinas, se pueden calcular de forma sencilla obteniéndose que:

$$i_{L_1}^{min} = I_{L_1} - (D+D_1)\frac{\Delta i_{L_1}}{2}$$

$$i_{L_1}^{max} = \Delta i_{L_1} + i_{L_1}^{min} = I_{L_1} + \Delta i_{L_1}\left(1 - \frac{D+D_1}{2}\right) \qquad (5.69)$$

$$i_{L_2}^{min} = I_{L_2} - (D+D_1)\frac{\Delta i_{L_2}}{2}$$

$$i_{L_2}^{max} = \Delta i_{L_2} + i_{L_2}^{min} = I_{L_2} + \Delta i_{L_2}\left(1 - \frac{D+D_1}{2}\right) \qquad (5.70)$$

5.5.4 Corriente media por el diodo

En cuanto a la corriente media por el diodo, puede obtenerse calculando el área bajo la curva de la corriente i_{ak}. En MCD la expresión sería la siguiente:

$$I_{ak} = \frac{1}{T}\int_0^T i_{ak}dt = \frac{1}{T}D_1T\frac{i_{ak_2}}{2} = D_1\frac{i_{L_1}^{max} + i_{L_2}^{max}}{2} \qquad (5.71)$$

5.5.5   Corriente media a la salida

Se define la corriente media a la salida como:

$$I_o = \frac{1}{T} \int_0^T i_o dt \tag{5.72}$$

Haciendo uso de las ecuaciones en las que se tiene la evolución de la corriente de salida, (5.7), (5.17) y (5.25):

$$I_o = \frac{1}{T} \int_0^T i_o dt = \frac{1}{T} \int_0^T (i_{L_2} - i_C) dt \tag{5.73}$$

Como en MCC, haciendo uso de que la tensión media en un condensador no cambia, es decir:

$$\frac{1}{T} \int_0^T i_C dt = 0 \tag{5.74}$$

La ecuación (5.73) se simplifica, obteniéndose:

$$I_o = \frac{1}{T} \int_0^T i_{L_2} dt = I_{L_2} \tag{5.75}$$

5.5.6   Corriente media de entrada

Gracias a que se tienen las expresiones (5.8), (5.18) y (5.26), se puede calcular la corriente media de la fuente de entrada como:

$$I_s = \frac{1}{T} \int_0^T i_s dt = \frac{1}{T} \int_0^T i_{L_1} dt = I_{L_1} \tag{5.76}$$

5.5.7   Rizado de la tensión de salida

Se define el rizado de tensión a la salida, en por unidad, como:

$$\frac{\Delta v_o}{V_o} = \frac{\Delta Q}{CV_o} = \frac{\delta T (i_{L_2}^{max} - I_o)}{2CV_o} \tag{5.77}$$

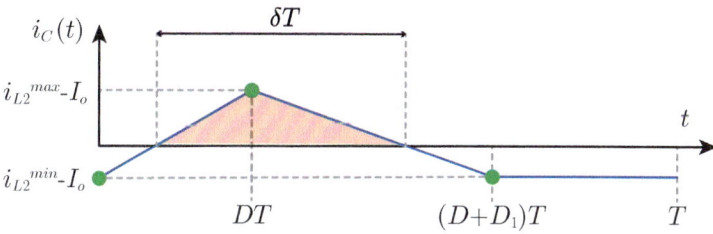

Figura 5.10 Evolución de la corriente por el condensador de salida (MCD).

Procediendo del mismo modo que en MCC, con semejanza entre el triángulo rayado en rojo y el de vértices verdes, se puede obtener el valor de δ:

$$\frac{\delta T}{(D+D_1)T} = \frac{i_{L_2}^{max} - I_o}{\Delta i_{L_2}}$$

$$\delta = \frac{i_{L_2}^{max} - I_o}{\Delta i_{L_2}}(D+D_1) \tag{5.78}$$

De este modo, el valor del rizado de tensión a la salida es:

$$\frac{\Delta v_o}{V_o} = \frac{\delta T (i_{L_2}^{max} - I_o)}{2CV_o} = \frac{(i_{L_2}^{max} - I_o)^2}{2CV_o \Delta i_{L_2}}(D+D_1)T \tag{5.79}$$

5.6 Balance de potencia

En el capítulo 1 se introdujo el concepto del balance de potencia, obteniéndose la siguiente ecuación válida tanto en MCC como en MCD:

$$V_d I_s = V_o I_o \tag{5.80}$$

En el convertidor Ćuk, tanto en el MCC como en el MCD, se cumple que la corriente media suministrada por la fuente de entrada es igual a la corriente media por la bobina L_1 ($I_s = I_{L_1}$). Por otro lado, se cumple que durante todo el periodo T la corriente de salida es igual a la que pasa por la bobina L_2 ($I_o = I_{L_2}$). De este modo, aplicar el balance de potencia conlleva que:

$$V_d I_{L_1} = V_o I_{L_2} \tag{5.81}$$

5.7 Límite entre modos de conducción

El límite entre el MCC y el MCD en este convertidor es aquel en el que la corriente por el diodo llega a ser cero, pero sólo durante un instante, y no durante un periodo de tiempo. Este caso se puede considerar como un caso particular del MCC donde $i_{ak} = 0$ de forma instantánea al final del periodo de trabajo T. Esto se observa mejor en la fig. 5.11 donde se ha supuesto que la corriente de la bobina 1 cambia de signo (el caso en el que la corriente por la bobina 2 es la que cambia de signo es análogo).

Si se calcula la corriente media por el diodo en esta situación se obtendrá I_{ak_B}, que se puede calcular como:

$$I_{ak_B} = \frac{1}{T} \int_0^T i_{ak_B} dt = \frac{1}{T} \frac{(1-D)T i_{ak_2 B}}{2} = (1-D) \frac{i_{L_1 B}^{max} + i_{L_2 B}^{max}}{2}. \tag{5.82}$$

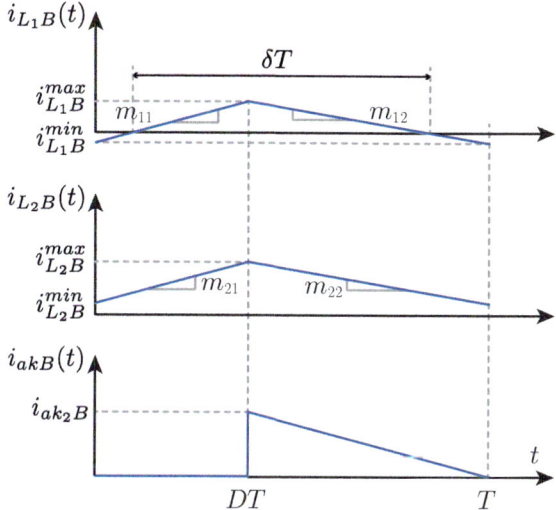

Figura 5.11 Corriente por las bobinas y el diodo en el límite entre MCC y MCD.

En el límite entre MCC y MCD se debe cumplir que:

$$i_{L_1B}^{min} = -i_{L_2B}^{min} \tag{5.83}$$

Por tanto, la expresión (5.82) se puede expresar como:

$$I_{ak_B} = (1-D)\frac{i_{L_1B}^{max} - i_{L_1B}^{min} + i_{L_2B}^{max} - i_{L_2B}^{min}}{2} = (1-D)\frac{\Delta i_{L_1} + \Delta i_{L_2}}{2} \tag{5.84}$$

Una vez calculado I_{ak_B} aparecen tres casos: si en un convertidor se da que $I_{ak} > I_{ak_B}$, estará en MCC; si $I_{ak} < I_{ak_B}$, estará en MCD; y si $I_{ak} = I_{ak_B}$, estará justo en el límite entre ambos modos.

Por otro lado, considerando las corrientes por las bobinas, para la bobina 1 se tiene que:

$$I_{L_1B} = \frac{1}{T}\int_0^T i_{L_1B}dt = \frac{1}{T}\left(\frac{(1-\delta)Ti_{L_1B}^{min}}{2} + \frac{\delta Ti_{L_1B}^{max}}{2}\right) = \frac{i_{L_1B}^{min} + \delta\Delta i_{L_1}}{2} \tag{5.85}$$

donde se puede calcular el valor de δ aplicando semejanza de triángulos, llegándose a que:

$$\frac{\delta T}{T} = \frac{i_{L_1 B}^{max}}{\Delta i_{L_1}} \tag{5.86}$$

Sustituyendo la expresión (5.86) en la ecuación (5.85) finalmente se obtiene que:

$$I_{L_1 B} = \frac{i_{L_1 B}^{min} + i_{L_1 B}^{max}}{2} \tag{5.87}$$

Por otro lado, para la bobina 2 se tiene que:

$$I_{L_2 B} = \frac{1}{T} \int_0^T i_{L_2 B} dt = \frac{1}{T} \left(i_{L_2 B}^{min} T + \frac{T \Delta i_{L_2}}{2} \right) = i_{L_2 B}^{min} + \frac{\Delta i_{L_2}}{2}$$
$$I_{L2_R} = \frac{i_{L_2 B}^{min} + i_{L_2 B}^{max}}{2} \tag{5.88}$$

Lo mismo puede hacerse para la corriente media en la salida, obteniéndose así la I_o boundary (I_{oB}). Al igual que con I_{ak}, aparecen tres casos: si en un convertidor se da que $I_o > I_{oB}$, estará en MCC; si $I_o < I_{oB}$, estará en MCD; y si $I_o = I_{oB}$, estará justo en el límite entre ambos modos.

$$I_{oB} = \frac{1}{T} \int_0^T i_{oB} dt = \frac{1}{T} \int_0^T (i_{L_2 B} - i_{C_2 B}) dt = \frac{1}{T} \int_0^T i_{L_2 B} dt = I_{L_2 B} \tag{5.89}$$

5.8 Corrientes y tensiones máximas por el diodo y el interruptor de potencia

A la vista de los circuitos de la fig. 5.2 y la fig. 5.6 correspondientes a ambos modos de operación del convertidor, se puede conocer la evolución de las corrientes y las tensiones por el diodo y el interruptor de potencia que componen este convertidor. Teniendo en cuenta las curvas correspondientes introducidas en la fig. 5.3 y la fig. 5.7 estando operando el convertidor en MCC o en MCD respectivamente, las tensiones y corrientes máximas por el diodo y por el interruptor de potencia son las siguientes:

$$|v_{ak}^{max}| = V_o + V_d \tag{5.90}$$

$$i_{ak}^{max} = i_{ak_2} = i_{L_1}^{max} + i_{L_2}^{max} \tag{5.91}$$

$$v_{sw}^{max} = V_o + V_d \tag{5.92}$$

$$i_{sw}^{max} = i_{sw_2} = i_{L_1}^{max} + i_{L_2}^{max} \tag{5.93}$$

6 Convertidor Bidireccional

6.1 Introducción

En este capítulo se presenta el análisis del convertidor dc/dc de tipo bidireccional, cuyo esquema se muestra en la fig. 6.1. Esta topología permite el flujo de potencia en ambos sentidos, es decir, la energía puede fluir desde la fuente de tensión V_1 hacia la de valor V_2 y viceversa, siempre suponiendo que se cumple que $V_1 \leq V_2$. Por tanto, en este convertidor ya no se puede hablar de una tensión de entrada o una de salida ya que la energía puede fluir en ambos sentidos [1].

Cabe destacar que, como se observa en la fig. 6.1, en esta topología hay dos interruptores de potencia cuya señal de disparo es complementaria, es decir, las señales S_1 y S_2 son tales que: $S_2 = \overline{S_1}$.

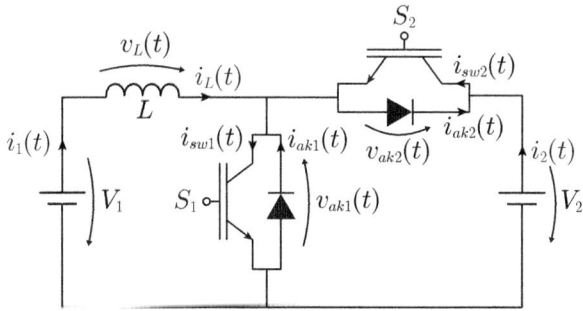

Figura 6.1 Esquema del convertidor dc/dc bidireccional.

Se puede observar que si la corriente por la bobina i_L es siempre positiva, el convertidor se comporta exactamente como un convertidor elevador como el introducido en el capítulo 2 ya que la potencia fluye desde la fuente de tensión V_1 hacia la fuente de tensión V_2 (cumpliéndose que $V_1 \leq V_2$). En este caso, el diodo en antiparalelo del semiconductor controlado con la señal de disparo S_1 así como el interruptor de potencia controlado con la señal de disparo S_2 no se encuentran en ningún instante en el estado de conducción.

Por otro lado, si la corriente por la bobina i_L es siempre negativa, el convertidor se comporta como un convertidor reductor mirando el convertidor considerando fuente de tensión V_2 como fuente de entrada y la fuente de tensión V_1 como la salida del circuito ya que la potencia fluye desde la fuente de tensión V_2 hacia la fuente de tensión V_1. En este caso, el diodo en antiparalelo del semiconductor controlado con la señal de disparo S_2, así como el interruptor de potencia controlado con la señal de disparo S_1 no se encuentran en ningún instante en el estado de conducción.

Finalmente, si la corriente por la bobina i_L cambia de signo durante el periodo de trabajo T, el sentido del flujo de potencia en el convertidor dependerá del valor medio de dicha corriente (I_L). Si I_L es positiva, la potencia fluirá desde la fuente V_1 hasta la fuente V_2 y viceversa. En cualquier caso, los dos interruptores de potencia y los dos diodos estarán en conducción durante algún intervalo de tiempo durante el periodo de trabajo.

6.2 Operación del convertidor

Para realizar el análisis de funcionamiento del convertidor hay que diferenciar dos tramos o intervalos de funcionamiento, uno en el que la señal de disparo $S_1 = 1$ (nombrado como primer intervalo), y otro en el que dicha señal de disparo cumple que $S_1 = 0$ (nombrado como segundo intervalo). El tiempo correspondiente al primer intervalo se define como DT. Por tanto, se define el ciclo de trabajo D como el tiempo expresado en por unidad que el interruptor de potencia 1 presenta una tensión de puerta alta comportándose como un cortocircuito.

El circuito equivalente del primer intervalo se muestra en la fig. 6.2a. Dependiendo del signo de la corriente por la bobina i_L, dicha corriente circula por el semiconductor de potencia 1 si es positiva, circulando por el diodo 1 en caso contrario. Por otro lado, el circuito equivalente del segundo intervalo se muestra en la fig. 6.2b. Dependiendo del signo de la corriente por la bobina i_L, dicha corriente circula por el diodo 2 si es positiva, circulando por el semiconductor de potencia 2 en caso contrario.

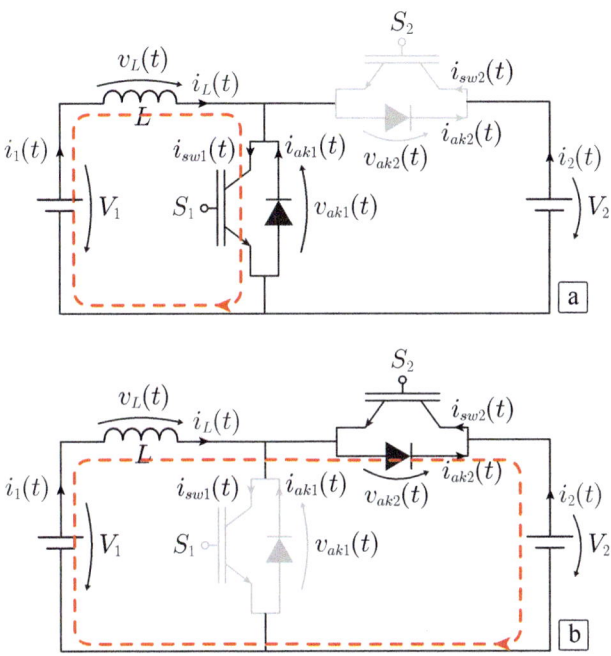

Figura 6.2 Intervalos de funcionamiento del convertidor bidireccional.

6.2.1 Análisis del primer intervalo

Si se empieza analizando el circuito en el primer intervalo, las ecuaciones que definen el comportamiento del circuito en el primer intervalo representado en la fig. 6.2a, son las siguientes expresiones:

$$v_L = V_1 \tag{6.1}$$

$$i_C = i_2 \tag{6.2}$$

$$i_1 = i_L \tag{6.3}$$

$$v_{ak1} = 0 \tag{6.4}$$

$$v_{ak2} = -V_2 \tag{6.5}$$

Obsérvese que, gracias a la ecuación (6.5), se puede afirmar que el diodo 2 está cortado, desconectando la fuente de tensión V_2 del resto del convertidor.

Las ecuaciones que gobiernan el comportamiento de una bobina son las siguientes:

$$v_L = L\frac{di_L}{dt} \tag{6.6}$$

$$i_L = \int \frac{v_L}{L} dt \tag{6.7}$$

Haciendo uso de las ecuaciones (6.1) y (6.7), se llega a la conclusión de que la expresión de la corriente por la bobina en este primer intervalo es la siguiente:

$$i_L = \int \frac{v_L}{L} dt = \int \frac{V_1}{L} dt = \frac{V_1}{L} t + i_L^{min} \tag{6.8}$$

Como se observa, la ecuación (6.8) nos da a conocer que la corriente que circula por la bobina es una recta con pendiente positiva $m_1 = V_1/L$.

6.2.2   Análisis del segundo intervalo

Las ecuaciones que definen el comportamiento del circuito en el segundo intervalo representado en la fig. 6.2b, son las siguientes expresiones:

$$v_L = V_1 - V_2 \tag{6.9}$$

$$i_C = i_L + i_2 \tag{6.10}$$

$$i_1 = i_L \tag{6.11}$$

$$v_{ak1} = -V_2 \tag{6.12}$$

$$v_{ak2} = 0 \tag{6.13}$$

$$\tag{6.14}$$

Haciendo uso de las ecuaciones (6.7) y (6.9), se obtiene que la expresión de la corriente por la bobina en este intervalo es:

$$i_L = \int \frac{v_L}{L} dt = \int \frac{V_1 - V_2}{L} dt = \frac{V_1 - V_2}{L} t + i_L^{max} \tag{6.15}$$

La ecuación (6.15) indica que la corriente por la bobina durante este intervalo es una recta con pendiente $m_2 = {(V_1 - V_2)}/{L}$. Esta pendiente m_2 es negativa ya que se cumple que $V_1 \le V_2$.

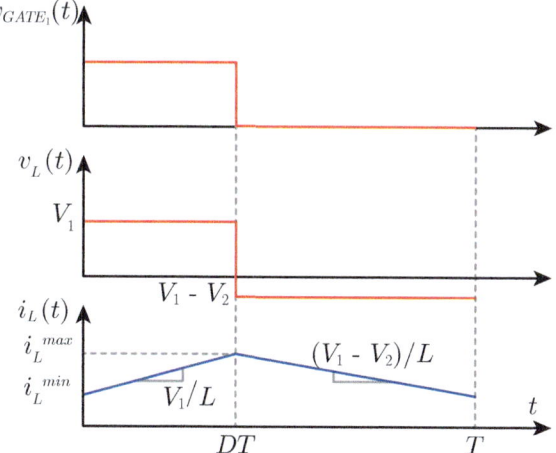

Figura 6.3 Curvas características del convertidor bidireccional.

Tras este análisis, se obtienen las gráficas de la fig. 6.3. Es importante indicar que en este convertidor, si la corriente por la bobina llega a anularse no se entraría en un nuevo modo de conducción como si ocurre con el convertidor elevador. Esto es así, ya que el convertidor bidireccional permite que la corriente por la bobina circule en ambos sentidos. Si la corriente por la bobina se hiciera negativa, las gráficas que se obtendrían serían las correspondientes a la fig. 6.4. Se concluye de este modo que no hay modo de conducción discontinua en el convertidor bidireccional.

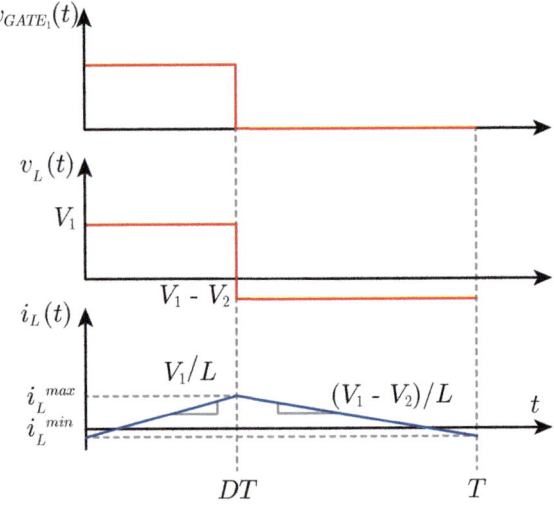

Figura 6.4 Curvas características del convertidor bidireccional con corriente negativa por la bobina durante parte del periodo de trabajo.

6.3 Parámetros del convertidor bidireccional

6.3.1 Rizado de corriente en la bobina

El rizado de la corriente en la bobina se define como:

$$\Delta i_L = i_L^{max} - i_L^{min} \tag{6.16}$$

Siendo i_L^{max} e i_L^{min} los valores máximo y mínimo de la corriente que circula por la bobina, cuyos valores a priori se desconocen. Sin embargo, se puede hacer uso de las expresiones (6.8) y (6.16), que expresaban la evolución de la corriente en los dos intervalos de funcionamiento. De este modo:

$$\Delta i_L = m_1 DT = \frac{V_1}{L} DT \tag{6.17}$$

$$\Delta i_L = -m_2(1-D)T = \frac{V_2 - V_1}{L}(1-D)T \tag{6.18}$$

Como se observa, se puede obtener el rizado de corriente de la bobina mediante dos expresiones distintas, la (6.17) y la (6.18).

6.3.2 Relación entre la tensión de entrada y la tensión de salida

Partiendo de las expresiones (6.17) y (6.18), se obtiene lo siguiente:

$$\frac{V_1}{L} DT = \frac{V_2 - V_1}{L}(1-D)T$$

$$V_1 D = (V_2 - V_1)(1-D)$$

$$V_1 D = V_2 - V_2 D - V_1 + V_1 D$$

$$V_2 = \frac{V_1}{1-D} \tag{6.19}$$

Observando esta expresión, se aprecia que el convertidor bidireccional se comporta en sus expresiones analíticas como un convertidor de tipo elevador.

6.3.3 Corriente media por la bobina

La corriente media que circula por la bobina se define como:

$$I_L = \frac{1}{T} \int_0^T i_L dt \qquad (6.20)$$

Suponiendo que la corriente que circula por la bobina es siempre positiva:

En este caso, tanto i_L^{min} como i_L^{max} son positivas. Por tanto, se cumple que:

$$I_L = \frac{1}{T}\left(Ti_L^{min} + T\frac{\Delta i_L}{2}\right)$$
$$I_L = i_L^{min} + \frac{\Delta i_L}{2} \qquad (6.21)$$

Despejando i_L^{min} de la ecuación (6.21), y recordando la definición del rizado de corriente por la bobina, ecuación (6.16), se puede obtener lo siguiente:

$$i_L^{min} = I_L - \frac{\Delta i_L}{2} \qquad (6.22)$$
$$i_L^{max} = I_L + \frac{\Delta i_L}{2} \qquad (6.23)$$

Las ecuaciones (6.22) y (6.23) permiten saber que el valor medio de la corriente por la bobina es justo el valor medio de los valores límite del rizado de la corriente que circula por ella, es decir, $I_L = (i_L^{max} + i_L^{min})/2$.

Suponiendo que la corriente que circula por la bobina es siempre negativa:

En este caso, tanto i_L^{min} como i_L^{max} son negativas. Por tanto, se cumple que:

$$I_L = \frac{1}{T}\left(Ti_L^{max} - T\frac{\Delta i_L}{2}\right)$$
$$I_L = i_L^{max} - \frac{\Delta i_L}{2} \qquad (6.24)$$

Despejando i_L^{max} de la ecuación (6.24), y recordando la definición del rizado de corriente por la bobina, ecuación (6.16), se puede obtener lo siguiente:

$$i_L^{min} = I_L - \frac{\Delta i_L}{2} \qquad (6.25)$$

$$i_L^{max} = I_L + \frac{\Delta i_L}{2} \qquad (6.26)$$

Por tanto, se llega a la conclusión de que las expresiones son idénticas a las obtenidas si la corriente de la bobina es siempre positiva.

Suponiendo que la corriente que circula por la bobina cambia de signo durante el periodo de trabajo:

En este caso, se cumple que i_L^{min} es negativa, mientras que i_L^{max} es positiva. Por tanto, se cumple que:

$$I_L = \frac{1}{T} \left(\frac{(1-\delta)T i_L^{min}}{2} + \frac{\delta T i_L^{max}}{2} \right) \qquad (6.27)$$

donde δ es el intervalo de tiempo en por unidad en el que la corriente por la bobina es positiva, tal y como se muestra en la fig. 6.4. Esta variable se puede determinar aplicando semejanza de triángulos en la fig. 6.4:

$$\frac{\delta T}{T} = \frac{i_{L_{max}}}{\Delta i_L} \qquad (6.28)$$

Sustituyendo la expresión (6.28) en (6.27), finalmente se llega a que:

$$I_L = \frac{i_{L_{max}} + i_{L_{min}}}{2} \qquad (6.29)$$

Y finalmente, se llega de nuevo a que:

$$i_L^{min} = I_L - \frac{\Delta i_L}{2} \qquad (6.30)$$

$$i_L^{max} = I_L + \frac{\Delta i_L}{2} \qquad (6.31)$$

Por tanto, también se obtienen las mismas expresiones que aquellas obtenidas cuando la corriente por la bobina no cambia de signo durante todo el periodo de operación del convertidor.

6.3.4   Corrientes medias a través de las fuentes de tensión V_1 y V_2

Gracias a que se tienen las expresiones (6.3) y (6.11), se puede calcular la corriente media de la fuente de tensión V_1 como:

$$I_1 = \frac{1}{T} \int_0^T i_1 dt = \frac{1}{T} \int_0^T i_L dt = I_L \qquad (6.32)$$

Por otro lado, para calcular la corriente media por la fuente de tensión V_2 se puede aplicar el concepto de balance de potencia, llegándose a que:

$$V_1 I_1 + V_2 I_2 = 0 \qquad (6.33)$$

Utilizando la expresión (6.19), se puede llegar a:

$$I_2 = -\frac{V_1 I_1}{V_2} = -I_1(1-D) = -I_L(1-D) \qquad (6.34)$$

6.4 Corrientes y tensiones máximas por los diodos e interruptores de potencia

Observando los circuitos equivalentes de la fig. 6.2, se puede conocer la evolución de las corrientes y las tensiones por los diodos (v_{ak1}, v_{ak2} e i_{ak1},i_{ak2}) y de las correspondientes de los interruptores de potencia (v_{sw1}, v_{sw2} e i_{sw1}, i_{sw1}). Hay que hacer notar que la tensión en el interruptor de potencia i cumple que v_{swi}=-v_{aki}. En primer lugar, la evolución de las tensiones de dichos componentes del circuito se puede observar en la fig. 6.5, donde se infiere claramente que la tensión máxima soportada por todos los componentes en valor absoluto es igual a V_2.

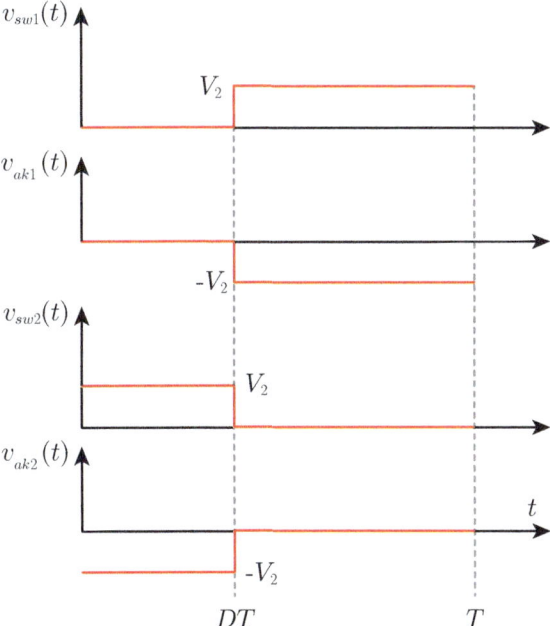

Figura 6.5 Evolución de las tensiones por los interruptores de potencia y por los diodos del convertidor bidireccional.

En cuanto a la evolución de las corrientes, éstas dependerán de cómo sea la corriente por la bobina. Habrá pues que estudiar tres casos diferentes: i_L es siempre positiva, i_L cambia de signo durante el periodo de trabajo, o i_L es siempre negativa.

Corriente por la bobina siempre positiva

Si la corriente que circula por la bobina es siempre positiva, en el primer intervalo del convertidor ($S_1 = 1$), la corriente de la bobina circulará por el interruptor de potencia 1, mientras que en el segundo intervalo tendrá que circular por el diodo 2. De ese modo, la evolución de las corrientes por los interruptores de potencia y los diodos será la que se observa en la fig. 6.6.

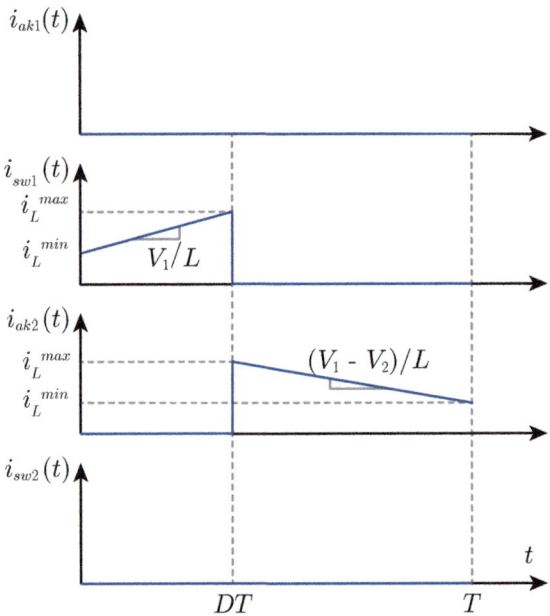

Figura 6.6 Evolución de las corrientes por los interruptores de potencia y por los diodos cumpliéndose que $i_L^{min} \geq 0$.

Corriente por la bobina cambia de signo durante el periodo de trabajo

En el primer intervalo, la corriente por la bobina necesariamente empezará siendo negativa (con valor i_L^{min}), y por lo tanto, deberá circular por el diodo 1. En este caso que se está analizando, llegará un instante en el que esta corriente creciente se haga positiva, y el diodo no permitirá que circule a través de él, debiéndolo hacer a través del interruptor de potencia 1. En el segundo intervalo, la corriente empezará siendo positiva, con valor i_L^{max} y por ello deberá circular por el diodo 2. La corriente en este caso es decreciente y llega un instante en el que se hace de nuevo negativa, momento en el que deja de circular por el diodo 2 y lo comienza a hacer por el interruptor de potencia 2. Debido a que se considera operación en régimen permanente, el valor final de la corriente por la bobina será igual a i_L^{min}, momento en el que se inicia de nuevo el primer intervalo, repitiéndose el periodo de trabajo. De este modo, la evolución de las corrientes por los interruptores de potencia y los diodos es la que se observa en la fig. 6.7.

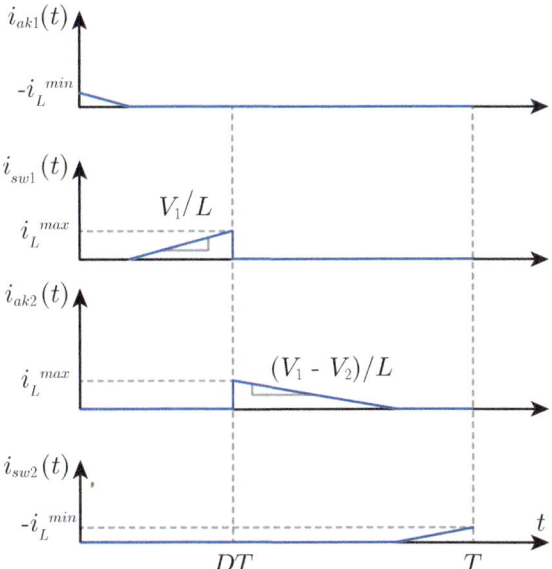

Figura 6.7 Evolución de las corrientes por los interruptores de potencia y por los diodos cumpliéndose que $i_L^{min} \leq 0$ e $i_L^{max} \geq 0$.

Corriente por la bobina siempre negativa

Si la corriente que circula por la bobina es siempre negativa, en el primer intervalo del convertidor ($S_1 = 1$), la corriente de la bobina circulará por el diodo 1, mientras que en el segundo intervalo tendrá que circular por el interruptor de potencia 2. De este modo, la evolución de las corrientes por los interruptores de potencia y los diodos será la que se observa en la fig. 6.8.

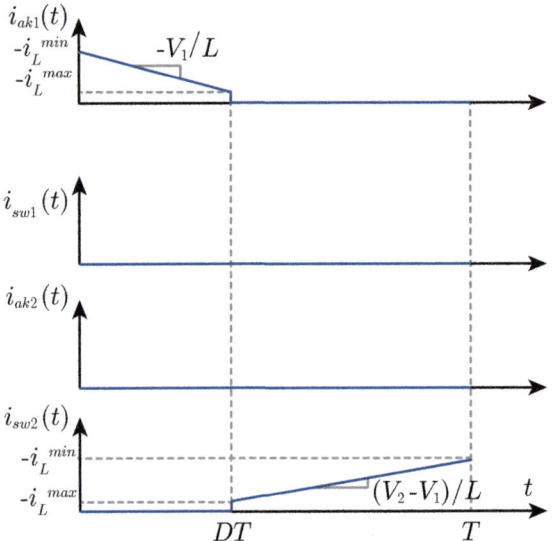

Figura 6.8 Evolución de las corrientes por los interruptores de potencia y por los diodos cumpliéndose que $i_L^{max} \leq 0$.

7 Problema Elevador 1

Enunciado

En el convertidor elevador de la figura, se tiene que $V_d = 5V$, la tensión media de salida es $V_o = 15V$ y la corriente media en la carga es $I_o = 0.5A$. La frecuencia de conmutación es $f = 25kHz$. Si $L = 150\mu H$ y $C = 220\mu F$, determinar:

- El valor del ciclo de trabajo D.

- El rizado de la corriente por la bobina.

- La corriente de pico por la bobina.

- El rizado de tensión de salida expresado en por unidad.

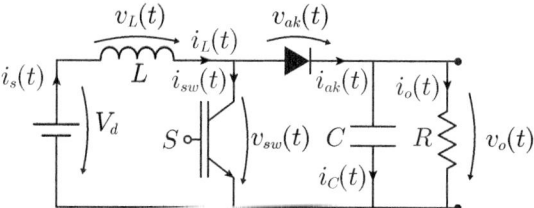

Figura 7.1 Esquema del convertidor elevador.

Solución al problema

En primer lugar, tendremos que determinar si el convertidor se encuentra en Modo de Conducción Continua (MCC) o en Modo de Conducción Discontinua (MCD). Para ello, lo primero que se hará será suponer que se encuentra en MCC, en cuyo caso el valor de D será el siguiente:

$$V_o = \frac{V_d}{1-D};$$
$$D = 1 - \frac{V_d}{V_o} = 1 - \frac{5}{15} = 0.667.$$

Con el valor de D, se puede determinar I_{oB}:

$$I_{oB} = (1-D)I_{LB} = (1-D)\frac{\Delta i_L}{2}. \tag{7.1}$$

El valor del rizado de corriente por la bobina es:

$$\Delta i_L = \frac{V_o - V_d}{L}(1-D)T = \frac{15-5}{150 \cdot 10^{-6}}(1-0.667)4 \cdot 10^{-5} = 0.888A. \tag{7.2}$$

Nótese que se ha empleado que $T = 1/f$. Conociendo el valor del rizado se puede volver a la expresión (7.1):

$$I_{oB} = (1-0.667)\frac{0.888}{2} = 0.148A \tag{7.3}$$

Como en el enunciado se da el valor de la corriente media a la salida, $I_o = 0.5A$, se puede afirmar que $I_o > I_{oB}$, y por lo tanto el convertidor se encuentra en MCC, cumpliéndose la suposición inicial y, por tanto, validando todos los cálculos realizados hasta ahora.

Por otro lado, la corriente de pico por la bobina es i_L^{max}, valor que se puede calcular con la expresión:

$$i_L^{max} = I_L + \frac{\Delta i_L}{2}. \tag{7.4}$$

Para calcular i_L^{max} con la ecuación (7.4) es necesario conocer el valor del rizado Δi_L, así como la corriente media por la bobina I_L, la cual habrá que calcular del siguiente modo:

$$I_o = (1-D)I_L;$$

$$I_L = \frac{I_o}{1-D} = \frac{0.5}{1-0.667} = 1.5A. \tag{7.5}$$

Volviendo a la ecuación (7.4), el valor de la corriente de pico será:

$$i_L^{max} = I_L + \frac{\Delta i_L}{2} = 1.5015 + \frac{0.888}{2} = 1.9455A. \tag{7.6}$$

Por último, para calcular el rizado de tensión de salida de un convertidor elevador expresado en por unidad en MCC, lo primero que hay que comprobar es el signo de la expresión $i_L^{min} - I_o$ ya que la expresión a utilizar para el cálculo depende del signo de dicho término. Así, se puede calcular lo siguiente:

$$i_L^{min} = I_L - \frac{\Delta i_L}{2} = 1.5015 - \frac{0.888}{2} = 1.055A. \tag{7.7}$$

$$i_L^{min} - I_o = 1.055 - 0.5 = 0.55A \tag{7.8}$$

Por tanto, al cumplirse que $(i_L^{min} - I_o) > 0$, se puede obtener el rizado de tensión de salida (en por unidad) como:

$$\frac{\Delta v_o}{V_o} = \frac{DTI_o}{CV_o} = \frac{0.888 \cdot 0.5}{220 \cdot 10^{-6} \cdot 15 \cdot 25 \cdot 10^3} = 0.004 \tag{7.9}$$

8 Problema Elevador 2

Enunciado

En el convertidor elevador de la figura, se tiene que $V_d = 5V$, la tensión media de salida es $V_o = 10V$ y la corriente media en la carga es $I_o = 0.3A$. La frecuencia de conmutación es $f = 10kHz$. Si $L = 100\mu H$ y $C = 500\mu F$, determinar:

- El valor del ciclo de trabajo D.

- El rizado de la corriente por la bobina.

- Corriente de pico por la bobina.

- Rizado de tensión de salida expresado en por unidad.

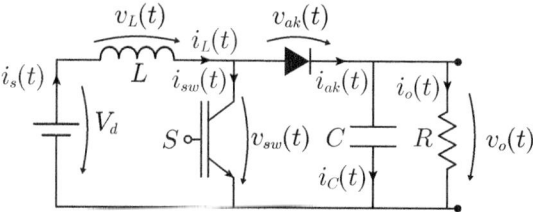

Figura 8.1 Esquema del convertidor elevador.

Solución al problema

En primer lugar, hay que averiguar si el convertidor se encuentra en Modo de Conducción Continua (MCC) o en Modo de Conducción Discontinua (MCD). Para ello, lo primero que se hará será suponer que se encuentra operando en MCC, en cuyo caso el valor de D se puede determinar del siguiente modo:

$$V_o = \frac{V_d}{1-D};$$
$$D = 1 - \frac{V_d}{V_o} = 1 - \frac{5}{10} = 0.5.$$

Con el valor de D, se puede hallar I_{oB}:

$$I_{oB} = (1-D)I_{LB} = (1-D)\frac{\Delta i_L}{2}. \tag{8.1}$$

El valor del rizado de corriente es:

$$\Delta i_L = \frac{V_o - V_d}{L}(1-D)T = \frac{10-5}{100 \cdot 10^{-6}}(1-0.5)1 \cdot 10^{-4} = 2.5A. \tag{8.2}$$

Nótese que se ha empleado que $T = 1/f$. Conociendo el valor del rizado de corriente en la bobina se puede volver a la expresión (8.1):

$$I_{oB} = (1-0.5)\frac{2.5}{2} = 0.625A \tag{8.3}$$

Como en el enunciado se indica que el valor de la corriente media a la salida $I_o = 0.3A$, se puede afirmar que $I_o < I_{oB}$, y por lo tanto el convertidor se encuentra en operando en MCD, con lo que la suposición inicial al comenzar los cálculos era incorrecta. Por tanto, todo lo calculado hasta este momento es erróneo y habrá que iniciar de nuevo la resolución del problema pero utilizando las ecuaciones del convertidor en MCD.

Ya sabiendo que el convertidor está operando en MCD, el valor de D se podría determinar mediante la siguiente expresión:

$$\frac{V_o}{V_d} = 2 = \frac{D + D_1}{D_1}. \tag{8.4}$$

Para calcular D hace falta determinar D_1, obtenida de la siguiente ecuación:

$$I_o = D_1 \frac{\Delta i_L}{2} \tag{8.5}$$

En MCD, el valor del rizado de corriente se puede obtener de la siguiente ecuación:

$$\Delta i_L = \frac{V_d}{L} DT = \frac{5}{100 \cdot 10^{-6} \cdot 10^4} D = 5D \tag{8.6}$$

y, por tanto:

$$I_o = 0.3 = D_1 \frac{\Delta i_L}{2} = D_1 \frac{5}{2} D$$
$$D_1 D = \frac{6}{50} \tag{8.7}$$

Partiendo de las expresiones (8.4) y (8.7), nos encontramos ante un problema con dos ecuaciones y dos incógnitas. Resolviéndolo, se obtiene que:

$$D = D_1 = \sqrt{\frac{6}{50}} = 0.3464 \tag{8.8}$$

Para el cálculo del rizado de corriente en la bobina Δi_L, se puede calcular mediante la expresión:

$$\Delta i_L = \frac{V_d}{L}DT = \frac{5}{100 \cdot 10^{-6} \cdot 10^4} \cdot \sqrt{\frac{6}{50}} = 1.7321A \qquad (8.9)$$

Por otro lado, para obtener la corriente de pico en la bobina i_L^{max} y al estar el convertidor operando en MCD se tiene directamente que $i_L^{max} = \Delta i_L = 1.7321A$.

Por último, para determinar el rizado de tensión a la salida de un convertidor elevador en MCD expresado en por unidad, se puede calcular mediante la siguiente expresión:

$$\frac{\Delta V_o}{V_o} = \frac{(i_L^{max} - I_o)^2}{2CV_o\Delta i_L}D_1T = \frac{(1.7321 - 0.3)^2}{2 \cdot 500 \cdot 10^{-6} \cdot 10 \cdot 1.7321}0.3464 \cdot 10^{-4} = 0.0041 \qquad (8.10)$$

9 Problema Doble Elevador

Enunciado

Para el convertidor mostrado en la figura se tienen los siguientes datos: $T = 0.001s$, $D_1 = 2/3$, $D_2 = 1/2$, $V_d = 10V$, $R = 100\Omega$.

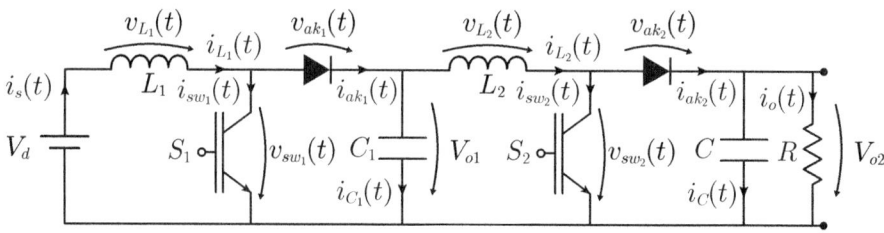

Figura 9.1 Esquema del convertidor doble elevador.

a) Calcular la relación entre R y los ciclos de trabajo del convertidor (D_1 y D_2) que define el límite entre las zonas de operación de los modos de conducción continua y conducción discontinua para la bobina L_2.

b) Calcular las tensiones V_{o1} y V_{o2}.

c) Calcular la corriente media por la bobina I_2.

d) Calcular la corriente media por la bobina L_1.

e) Determinar L_1 y L_2 para que el rizado de la corriente por dichas bobinas sea menor del 30 %.

f) Fijando unos valores de L_1 y L_2 que cumplan con la condición de rizado anterior, calcular el valor máximo y mínimo de las corrientes por las bobinas L_1 y L_2.

g) Calcular las tensiones máximas que deben soportar los interruptores de potencia así como los diodos.

Solución al problema

Relación entre R y D_1 y D_2 que define el límite de MCC para L_2

A la vista de la fig. 9.1, se aprecia que se trata de dos convertidores elevadores en cascada, es decir, un convertidor elevador conectado a la salida de otro. Por ello, para resolver este y los siguientes apartados, habrá que hacer uso de que la tensión de salida del primero (V_{o1}) es la tensión de entrada del segundo. Por lo tanto, suponiendo operación en MCC para ambos convertidores, y haciendo uso de la ecuación que relaciona la tensión de entrada y la de salida de un convertidor elevador, se tiene que:

$$V_{o1} = \frac{V_d}{1 - D_1} \tag{9.1}$$

$$V_{o2} = \frac{V_{o1}}{1 - D_2} \tag{9.2}$$

Teniendo en cuenta ambas ecuaciones se obtiene que:

$$V_{o2} = \frac{V_d}{(1 - D_1)(1 - D_2)} = 60V \tag{9.3}$$

En este apartado se pide una relación que debe cumplirse para que la corriente que circula por la bobina L_2 se encuentre en el límite entre MCC y MCD (en dicho punto de operación las expresiones para MCC siguen siendo válidas, con lo que es coherente con la suposición anterior de que los convertidores operaban en MCC). Justo en el límite entre ambos modos de conducción, se cumple lo siguiente:

$$I_{L2} = I_{LB2} = \frac{\Delta i_{L2}}{2} \tag{9.4}$$

El rizado de intensidad por la bobina 2, teniendo en cuenta que la tensión de entrada al segundo convertidor es V_{o1}, viene dado por la siguiente expresión:

$$\Delta i_{L2} = \frac{V_{o1}}{L_2} D_2 T \tag{9.5}$$

Con ayuda de la ecuación (9.1):

$$\Delta i_{L2} = \frac{V_d}{1 - D_1} \frac{1}{L_2} D_2 T \tag{9.6}$$

Por otra parte, la corriente media por la bobina L_2 viene dada por la siguiente expresión:

$$I_{L2} = \frac{I_{o2}}{1 - D_2} \tag{9.7}$$

A su vez, la corriente de salida del segundo convertidor puede obtenerse recordando la expresión (9.3):

$$I_{o2} = \frac{V_{o2}}{R} = \frac{V_d}{(1 - D_1)(1 - D_2)R} \tag{9.8}$$

Regresando a la expresión (9.7) y sustituyendo, se obtiene que:

$$I_{L2} = \frac{V_d}{(1 - D_1)(1 - D_2)^2 R} \tag{9.9}$$

Sustituyendo todo lo obtenido en la ecuación (9.4), se obtiene la siguiente expresión:

$$I_{L2} = \frac{\Delta i_{L2}}{2}$$
$$\frac{V_d}{(1-D_1)(1-D_2)^2 R} = \frac{V_d}{1-D_1}\frac{1}{2L_2}D_2 T$$
$$\frac{1}{(1-D_2)^2 R} = \frac{D_2 T}{2L_2} \tag{9.10}$$

Como se observa, la ecuación (9.10) es la que se pide, relaciona R y D_2 de tal modo que L_2 esté justo en el límite entre los modos de conducción. Es interesante indicar que en esta expresión, todas las variables son conocidas salvo el valor de L_2 con lo que se puede obtener una condición sobre el valor de dicha bobina para tener al convertidor con dicha bobina operando en MCC. Se tiene que:

$$L_2 \geq \frac{(1-D_2)^2 R D_2 T}{2} = 6.3 \text{mH} \tag{9.11}$$

Por otro lado, todo el cálculo realizado será correcto si la bobina L_1 se encuentra operando en MCC, por lo que será necesario obtener qué condición se debe cumplir para que ésto ocurra:

$$I_{L_1} \geq \frac{\Delta i_{L_1}}{2} = \frac{V_d D_1 T}{2L_1} \tag{9.12}$$

Para obtener el valor de I_{L_1}, se puede indicar que la media de la corriente que circula a través del diodo d_1 (I_{ak_1}) es igual a la media de la corriente que circula a través de la bobina L_2 ya que la media de la corriente a través de los condensadores es nula en régimen permanente. Por tanto, se debe cumplir que:

$$I_{L_2} = I_{ak_1} = I_{L_1}(1-D_1) \tag{9.13}$$

Con lo que se tiene que:

$$I_{L_1} = \frac{I_{L_2}}{1-D_1} = \frac{V_d}{R(1-D_1)^2(1-D_2)^2} \tag{9.14}$$

Y finalmente se tiene que:

$$\frac{V_d}{R(1-D_1)^2(1-D_2)^2} \geq \frac{V_d D_1 T}{2L_1}$$
$$L_1 \geq \frac{1}{2}R(1-D_1)^2(1-D_2)^2 D_1 T = 0.9259\text{mH} \tag{9.15}$$

Tensiones V_{o1} y V_{o2}

Se puede calcular con las ecuaciones (9.1) y (9.2):

$$V_{o1} = \frac{V_d}{1-D_1} = \frac{10}{1-2/3} = 30V$$
$$V_{o2} = \frac{V_{o1}}{1-D_2} = \frac{30}{1-1/2} = 60V \tag{9.16}$$

Corriente media por la bobina L_2

Se puede calcular a partir de la corriente de salida I_{o2}.

$$I_{L2} = \frac{I_{o2}}{1-D_2} \tag{9.17}$$

La corriente de salida, como se ha visto, puede calcularse según la ecuación (9.8):

$$I_{o2} = \frac{V_{o2}}{R} = \frac{60}{100} = 0.6A \qquad (9.18)$$

Volviendo a la expresión (9.17), se tiene que:

$$I_{L2} = \frac{0.6}{1 - 1/2} = 1.2A \qquad (9.19)$$

Corriente media por la bobina L_1

Observando la fig. 9.1, la corriente media que circula por la bobina L_1 es igual a la corriente media suministrada por la fuente de entrada. Para calcular esta corriente, se puede aplicar el balance de potencia que dice que la potencia media suministrada por la fuente de entrada es igual a la potencia media consumida en la carga:

$$P_s = P_{o2} = V_{o2}I_{o2} = 60 \cdot 0.6 = 36W \qquad (9.20)$$

De este modo:

$$P_s = I_s V_d$$
$$I_s = \frac{P_s}{V_d} = \frac{36}{10} = 3.6A \qquad (9.21)$$

Y finalmente:

$$I_{L1} = I_s = 3.6A \qquad (9.22)$$

Valores de L_1 y L_2 para que los rizados de corriente en las bobinas sean inferiores al 30 %

Empezando por la bobina 1, imponer esta condición es decir que:

$$\frac{\Delta i_{L1}}{I_{L1}} < 0.3 \tag{9.23}$$

El rizado de corriente por la bobina L_1 se define como:

$$\Delta i_{L1} = \frac{V_d}{L_1} D_1 T \tag{9.24}$$

Por lo que la expresión (9.23) queda como:

$$\frac{\Delta i_{L1}}{I_{L1}} = \frac{V_d D_1 T}{I_{L1} L_1} < 0.3$$
$$L_1 > \frac{V_{L1} D_1 T}{I_{L1} 0.3} = \frac{10 \cdot (2/3) \cdot 0.001}{3.6 \cdot 0.3} = 6.173 \text{mH} \tag{9.25}$$

Se procede de igual modo para la bobina L_2:

$$\frac{\Delta i_{L2}}{I_{L2}} < 0.3 \tag{9.26}$$

El rizado de corriente por la bobina L_2 se define como:

$$\Delta i_{L2} = \frac{V_{o1}}{L_2} D_2 T \tag{9.27}$$

Por lo que la expresión (9.26) queda como:

$$\frac{\Delta i_{L2}}{I_{L2}} = \frac{V_{o1}D_2T}{I_{L2}L_2} < 0.3$$

$$L_2 > \frac{V_{o1}D_2T}{I_{L2}0.3} = \frac{30 \cdot (1/2) \cdot 0.001}{1.2 \cdot 0.3} = 41.67 \text{mH} \qquad (9.28)$$

Valor máximo y mínimo de las corrientes por las bobinas

Se van a emplear en este apartado valores de las bobinas que cumplan con las restricciones obtenidas en el apartado anterior. Así, los valores de las bobinas se fijan en $L_1 = 8\text{mH}$ y $L_2 = 50\text{mH}$. Una vez fijados estos valores, el rizado de corriente por la bobina L_1 se puede determinar como:

$$\Delta i_{L1} = \frac{V_d}{L_1}D_1T = \frac{10}{8 \cdot 10^{-3}}(2/3) \cdot 0.001 = 0.8333A \qquad (9.29)$$

De tal modo que las corrientes máxima y mínima que circularán por la bobina L_1 son:

$$i_{L1}^{max} = I_{L1} + \frac{\Delta i_{L1}}{2} = 3.6 + \frac{0.8333}{2} = 4.017A \qquad (9.30)$$

$$i_{L1}^{min} = I_{L1} - \frac{\Delta i_{L1}}{2} = 3.6 - \frac{0.8333}{2} = 3.183A \qquad (9.31)$$

Del mismo modo, el rizado de corriente por la bobina L_2 valdrá:

$$\Delta i_{L2} = \frac{V_{o1}}{L_2}D_2T = \frac{30}{50 \cdot 10^{-3}}(1/2) \cdot 0.001 = 0.3A \qquad (9.32)$$

De tal modo que las corrientes máxima y la mínima que circularán por la bobina L_2 son:

$$i_{L2}^{max} = I_{L2} + \frac{\Delta i_{L2}}{2} = 1.2 + \frac{0.3}{2} = 1.35A \qquad (9.33)$$

$$i_{L2}^{min} = I_{L2} - \frac{\Delta i_{L2}}{2} = 1.2 - \frac{0.3}{2} = 1.05A \qquad (9.34)$$

Tensiones máximas por los interruptores de potencia y por los diodos

En un convertidor elevador, la tensión máxima a la que se ve sometido el interruptor de potencia es la tensión de salida. Por otro lado, la tensión máxima a la que se ve sometido el diodo en valor absoluto es también igual a la tensión de salida. Por ello, y teniendo en cuenta la estructura del convertidor doble elevador se tiene que:

$$v_{sw_1}^{max} = V_{o1} = 30V \tag{9.35}$$

$$v_{sw_2}^{max} = V_{o2} = 60V \tag{9.36}$$

$$v_{ak_1}^{max} = -V_{o1} = -30V \tag{9.37}$$

$$v_{ak_2}^{max} = -V_{o2} = -60V \tag{9.38}$$

10 Problema Reductor 1

Enunciado

En el convertidor reductor de la figura, se tiene que $V_d = 10V$, la tensión media de salida es $V_o = 50/13V$ y la corriente media en la carga es $I_o = 8/9$A. La frecuencia de conmutación es $f = 10kHz$. Si $L = 100\mu H$, $C = 500\mu F$ y $D = 1/3$, determinar:

- Corriente de pico por la bobina.

- El valor de la corriente media por la bobina.

- Rizado de tensión de salida expresado en por unidad.

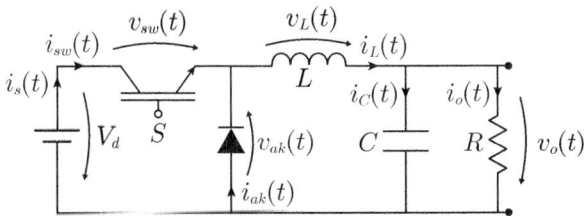

Figura 10.1 Esquema del convertidor reductor.

Solución al problema

En primer lugar, tendremos que hallar si el convertidor se encuentra en Modo de Conducción Continua (MCC) o en Modo de Conducción Discontinua (MCD). Para ello, se va a calcular el valor límite de la corriente de salida entre ambos modos de funcionamiento, I_{oB}, suponiendo que el convertidor se encuentra en MCC. Posteriormente, se comparará I_{oB} con la corriente de salida del convertidor, I_o, comprobándose si esta suposición es o no correcta.

$$I_{oB} = I_{LB} = \frac{\Delta i_L}{2}. \tag{10.1}$$

El rizado de corriente por la bobina, en MCC, se puede calcular como:

$$\Delta i_L = \frac{V_o}{L}(1-D)T = \frac{10}{100 \cdot 10^{-6}}(1 - \frac{1}{3}) \cdot 10^{-4} = 2.5641 A. \tag{10.2}$$

De este modo, el valor límite de la corriente de salida será:

$$I_{oB} = I_{LB} = \frac{2.5641}{2} = 1.2821 A. \tag{10.3}$$

Se puede afirmar, dado que $I_o < I_{oB}$, que el convertidor está operando en MCD. En este caso de operación en MCD, y dados los datos proporcionados en el enunciado del problema, el valor de la corriente de pico por lo bobina será igual al rizado de corriente por ella, obtenida mediante la expresión:

$$i_L^{max} = \Delta i_L = \frac{V_d - V_o}{L}DT = \frac{10 - \frac{50}{13}}{100 \cdot 10^{-6}}\frac{1}{3}10^{-4} = 2.0513 A. \tag{10.4}$$

Por otro lado, para obtener la corriente media en la bobina, se puede tener en cuenta que en el convertidor reductor siempre (tanto en MCC como en MCD) se cumple que:

$$I_L = I_o = \frac{8}{9} = 0.889 A. \tag{10.5}$$

Por último, para determinar el valor del rizado de tensión de salida expresado en por unidad del convertidor reductor, considerando que estamos en operación tipo MCD, se tiene que:

$$\frac{\Delta v_o}{V_o} = \frac{(\Delta i_L - I_L)^2}{2CV_o\Delta i_L}(D + D_1)T.$$ (10.6)

La único que falta por conocer para calcular el rizado es el la fracción de tiempo D_1. Esta puede calcularse mediante la otra ecuación que permite calcular el rizado de corriente:

$$\Delta i_L = \frac{V_o}{L}D_1 T \; ; \; D_1 = \frac{L\Delta i_L}{V_o T} = \frac{100 \cdot 10^{-6} \cdot 2.051}{\frac{50}{13}10^{-4}} = 0.533$$ (10.7)

Una vez D_1 es conocido, el rizado de tensón expresado en por unidad es:

$$\frac{\Delta v_o}{V_o} = \frac{(2.051 - 0.889)^2}{2 \cdot 500 \cdot 10^{-6}\frac{50}{13}2.051}(\frac{1}{3} + 0.533)10^{-4} = 0.0148.$$ (10.8)

11 Problema Reductor 2

Enunciado

En el convertidor reductor de la figura, se necesita obtener a la salida una tensión $V_o = 5V$ con una carga que consume como máximo $3A$ y como mínimo $0,5A$. La frecuencia de conmutación es $f = 10kHz$. La tensión de entrada V_d máxima es de 20 voltios. Determinar, (considerando que la bobina y el condensador son elementos ideales) el valor límite de V_d por debajo del cual deja de funcionar en conducción discontinua. Además, calcule los valores máximos de las tensiones y corrientes aplicadas al diodo y al interruptor de potencia y el rizado de la tensión en el condensador expresado en por unidad. Datos extra: $L = 50\mu H$, $C = 1000\mu F$.

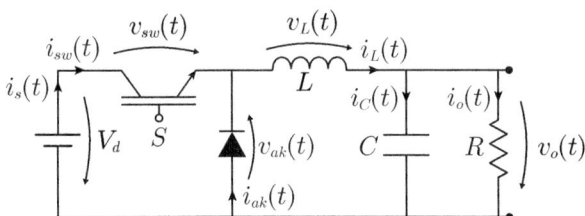

Figura 11.1 Esquema del convertidor reductor.

Solución al problema

En primer lugar, se va a calcular el valor de V_d para el que el sistema esté operando en el límite entre los dos modos de funcionamiento (MCC y MCD). Este valor límite se dará o bien cuando I_o sea la máxima posible, o bien cuando sea la mínima posible, siempre dentro del rango que da el enunciado. Se calculará la V_d límite en ambos casos.

Empezando por el caso en el que $I_o = 0.5A$, el convertidor estará en MCD siempre y cuando se cumpla que $I_o < I_{oB}$.

$$I_o < I_{oB} \; ; \; I_o < \frac{\Delta i_L}{2}. \tag{11.1}$$

En MCC (y también en el límite entre ambos modos de funcionamiento) el valor del rizado de corriente por la bobina es:

$$\Delta i_L = \frac{V_o(1-D)T}{L}. \tag{11.2}$$

Sustituyendo en (11.1):

$$I_o < \frac{Vo(1-D)T}{2L}. \tag{11.3}$$

De (11.3) se obtiene el valor de D:

$$D \leq 1 - \frac{I_o 2L}{V_o T} = 1 - \frac{0.5 \cdot 2 \cdot 50 \cdot 10^{-6}}{5 \cdot 10^{-4}} \; ; \; D \leq 0.9. \tag{11.4}$$

A continuación, se procede del mismo modo pero para el caso en el que $I_o = 3A$, obteniéndose el siguiente valor de D:

$$D \leq 1 - \frac{I_o 2L}{V_o T} = 1 - \frac{3 \cdot 2 \cdot 50 \cdot 10^{-6}}{5 \cdot 10^{-4}} \; ; \; D \leq 0.4. \tag{11.5}$$

A vista de estos resultados, podemos decir que el valor más restrictivo de operación viene impuesto por este segundo caso, es decir, teniendo una corriente media de salida $I_o = 3A$ y un valor de duty cycle $D = 0.4$.

Si $0 \leq D \leq 0.4$, el convertidor funcionará en MCD independientemente del valor de I_o. Por otro lado, si $0.9 \leq D \leq 1$, el convertidor funcionará en MCC independientemente del valor de I_o. Sin embargo, si $0.4 \leq D \leq 0.9$, el modo de funcionamiento en el que esté el convertidor dependerá del valor de I_o. Por ello, la respuesta al problema es que para $D \leq 0.4$, existe la certeza de que el convertidor se encuentra en MCD, y habrá que calcular su valor de V_d correspondiente. Justo en el límite entre ambos modos de conducción, se cumple que:

$$V_o = DV_d \; ; \; V_d = \frac{V_o}{D} = \frac{5}{0.4} = 12.5V. \tag{11.6}$$

En el convertidor reductor, tal y como se vio en el análisis, las tensiones y corrientes máximas por el diodo y por el interruptor de potencia son las siguientes:

$$v_{ak}^{max} = -V_d \tag{11.7}$$

$$i_{ak}^{max} = i_L^{max} \tag{11.8}$$

$$v_{sw}^{max} = V_d \tag{11.9}$$

$$i_{sw}^{max} = i_L^{max} \tag{11.10}$$

En cuanto a las tensiones máximas, como justo en el punto límite entre ambos modos de conducción se cumple que $V_d = 12.5V$:

$$v_{ak}^{max} = -12.5V \tag{11.11}$$

$$v_{sw}^{max} = 12.5V \tag{11.12}$$

Por otro lado, como estamos justo en el límite entre ambos modos de conducción, se cumple que la corriente mínima por la bobina es nula, de tal modo que la corriente máxima será el rizado de corriente, el cual puede calcularse ya sea con la fórmula correspondiente a MCC o la correspondiente a MCD:

$$i_L^{max} = \Delta i_L = \frac{V_d - V_o}{L} DT = \frac{12.5 - 5}{50 \cdot 10^{-6}} \cdot 0.4 \cdot 10^{-4} = 6A. \qquad (11.13)$$

De tal modo que las corrientes máximas, en el punto límite entre MCC y MCD, serán:

$$i_{ak}^{max} = i_{sw}^{max} = i_L^{max} = 6A. \qquad (11.14)$$

Para terminar, el rizado de tensión en el convertidor reductor expresado en por unidad, como nos encontramos justo en el límite entre ambos modos de conducción, puede hallarse como:

$$\frac{\Delta v_o}{V_o} = \frac{T \Delta i_L}{8 C V_o} = \frac{10^{-4} \cdot 6}{8 \cdot 1000 \cdot 10^{-6} \cdot 5} = 0.015. \qquad (11.15)$$

12 Problema Reductor-Elevador 1

Enunciado

En el convertidor reductor-elevador de la figura, se necesita obtener a la salida una tensión Vo=5V con un rizado menor o igual que el 2 %. La frecuencia de conmutación es $f = 10kHz$. La tensión de entrada V_d puede variar entre 4 y 6 voltios. Se desea conectarlo a una carga cuya corriente de salida puede variar entre 1 y 3 amperios. Determinar (considerando que la bobina y el condensador son elementos ideales y que se desea que en todos los casos funcione en modo de conducción continua) los valores de L y C que permiten un funcionamiento que cumpla las especificaciones anteriores. Calcular además los valores máximos de las tensiones y corrientes aplicadas al diodo y al interruptor de potencia.

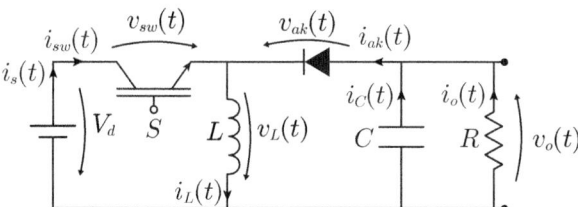

Figura 12.1 Esquema del convertidor reductor-elevador.

Solución al problema

En primer lugar, se va a calcular el valor de L para cumplir la especificación de operación en MCC, es decir, que el convertidor funcione en MCC independientemente del rango en el que se encuentre su V_d y su I_o. En primer lugar, para cada caso se puede calcular el duty cycle D con la expresión correspondiente considerando operación en MCC:

$$V_o = V_d \frac{D}{1-D},$$
$$D = \frac{V_o}{V_d + V_o}. \tag{12.1}$$

Sustituyendo los valores, obtenemos los siguientes resultados:

Tabla 12.1 Valores de duty cycle en función del punto de operación del convertidor.

V_d [V]	I_o [A]	D
4	1	5/9
4	3	5/9
6	1	5/11
6	3	5/11

Ahora, la condición para que el convertidor funcione en MCC:

$$I_o > I_{oB} \;\; ; \;\; I_o > (1-D)\frac{\Delta i_L}{2}. \tag{12.2}$$

Sabiendo que en MCC el rizado de corriente por la bobina es:

$$\Delta i_L = \frac{V_o}{L}(1-D)T \tag{12.3}$$

Sustituyendo en la (12.2), la condición para que el convertidor funcione en MCC es:

$$I_o > \frac{(1-D)^2 V_o T}{2L};$$

$$L > \frac{(1-D)^2 V_o T}{2I_o} \tag{12.4}$$

Utilizando la ecuación (12.4) y aplicándola a cada caso según los casos de la tabla 12.1, se obtiene el valor de L correspondiente a cada caso. De ellos, debemos quedarnos con el caso más restrictivo para asegurar que el convertidor funcione en MCC en todo el rango indicado de valores de V_d y de I_o. Se obtienen los valores mostrados en la Tabla 12.2. De todos ellos, se va a elegir el correspondiente al caso más restrictivo, de tal modo que se escoge $L - 75\mu H$.

Tabla 12.2 Valores de duty cycle y bobina en función del punto de operación del convertidor.

V_d [V]	I_o [A]	D	L [μH]
4	1	5/9	49.383
4	3	5/9	16.461
6	1	5/11	74.380
6	3	5/11	24.793

Ahora, se va a escoger el valor de C para cumplir con la especificación de rizado de tensión de salida. Hay que recordar que el valor del rizado expresado en tanto por ciento se calculaba como:

$$\frac{\Delta v_o}{V_o}[\%] = 100\frac{\Delta Q}{CV_o} \tag{12.5}$$

donde ΔQ puede calcularse como el área positiva o negativa en valor absoluto de la corriente i_C. Este cálculo depende de que $i_L^{min} - I_o$ sea positivo o no. Por ello, hay que calcular el valor de $i_L^{min} - I_o$, para cada uno de los casos considerados en el problema para comprobar su signo. Para ello, habrá que calcular i_L^{min} para cada caso del siguiente modo:

$$i_L^{min} = I_L - \frac{\Delta i_L}{2}. \tag{12.6}$$

Como $I_L = I_o/(1-D)$ y $\Delta i_L = (V_o/L)(1-D)T$, la ecuación (12.6) queda como:

$$i_L^{min} = \frac{I_o}{1-D} - \frac{V_o}{2L}(1-D)T. \tag{12.7}$$

Sustituyendo para cada uno de los 4 casos de este problema, se obtienen los resultados mostrados en la Tabla 12.3.

Tabla 12.3 Valores de duty cycle, bobina e $i_{L_{min}} - I_o$ en función del punto de operación del convertidor.

V_d [V]	I_o [A]	D	L [μH]	$i_{L_{min}} - I_o$ [A]
4	1	5/9	49.383	1.25
4	3	5/9	16.461	3.75
6	1	5/11	74.380	0.833
6	3	5/11	24.793	2.5

Como se observa, para todos los casos el valor de $i_L^{min} - I_o$ es positivo, por lo que el valor del rizado de tensión en la salida se calculará con el área negativa de la curva de i_C. Por tanto, e indicando que el rizado debe ser menor del 2 %, se tiene que:

$$\frac{\Delta v_o}{V_o}[\%] = 100\frac{\Delta Q}{CV_o} = 100\frac{I_oDT}{CV_o} \leq 2 \tag{12.8}$$

De esta expresión finalmente se puede despejar C obteniéndose que:

$$C \geq 100\frac{I_oDT}{V_o \cdot 2}. \tag{12.9}$$

Sustituyendo en la ecuación (12.9) teniendo en cuenta cada uno de los cuatro casos planteados en este problema, se obtienen los resultados mostrados en la Tabla 12.4.

Tabla 12.4 Valores obtenidos en función del punto de operación del convertidor.

V_d [V]	I_o [A]	D	L [μH]	$i_{L_{min}} - I_o$ [A]	C [μF]
4	1	5/9	49.383	1.25	556
4	3	5/9	16.461	3.75	1667
6	1	5/11	74.380	0.833	455
6	3	5/11	24.793	2.5	1364

A la vista de lo obtenido, hay que escoger el valor más restrictivo, es decir, aquel con el valor de capacidad mayor para que el valor del rizado de la tensión de salida sea inferior al 2 % para todo el rango de valores considerado de V_d y de I_o. Como la condición más restrictiva es $C \geq 1667\mu F$, elegimos un valor algo superior para cumplir con los requerimientos del enunciado, por ejemplo $C = 1800\mu F$.

Por último, se deben determinar las tensiones y corrientes máximas que deben soportar tanto el diodo como el interruptor de potencia. Para ello, debemos recordar que para esta topología, se cumple que:

$$v_{sw}^{max} = |v_{ak}^{max}| = V_d + V_o$$

$$i_{sw}^{max} = i_{ak}^{max} = i_L^{max} = I_L + \frac{\Delta i_L}{2} = \frac{I_o}{1-D} + \frac{V_o}{2L}(1-D)T. \tag{12.10}$$

Por tanto, y teniendo en cuenta los cuatro casos contemplados, se tiene el resultado final mostrado en Tabla 12.5.

Tabla 12.5 Valores obtenidos en función del punto de operación del convertidor.

V_d [V]	I_o [A]	D	I_L [A]	Δi_L [A]	$i_{L_{max}}$ [A]	$V_d + V_o$ [V]
4	1	5/9	2.25	2.963	3.7315	9
4	3	5/9	6.75	2.963	8.2315	9
6	1	5/11	1.83	3.636	3.6515	11
6	3	5/11	5.5	3.636	7.3182	11

13 Problema Reductor-Elevador 2

Enunciado

Para el convertidor de la fig. 13.1 operando a $f = 1kHz$ se tienen las curvas de la fig. 13.2 donde se muestra la tensión que soporta la bobina y la corriente que circula por el condensador de salida (donde se observa que $i_C^{max} = 10.2A$, $i_C^{min} = -4A$, $v_L^{max} = 100V$ y $v_L^{min} = -50V$).

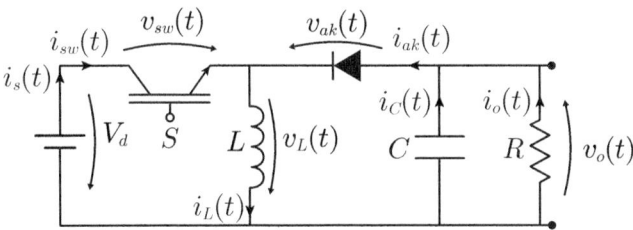

Figura 13.1 Esquema del convertidor.

a) Indicar si el convertidor está trabajando en modo de conducción continua o discontinua y por qué.

b) Determinar la potencia media disipada por la carga resistiva así como el valor de R.

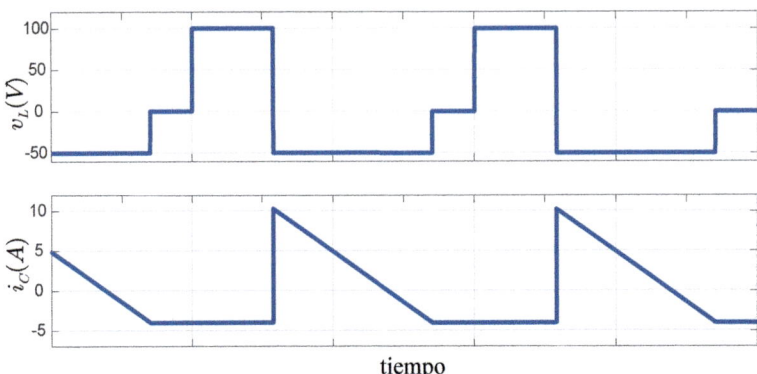

Figura 13.2 Formas de onda periódicas obtenidas de la operación del convertidor.

c) Determinar el valor de la corriente instantánea máxima por la bobina i_L^{max} así como el rizado de corriente Δi_L.

d) Calculando la corriente media suministrada por la fuente de entrada, calcular el valor de duty cycle D

e) Gracias al cálculo de la corriente media disipada en la carga, calcular el tiempo que el diodo está conduciendo.

f) Calcular la corriente media por la bobina I_L.

g) Determinar el valor de la bobina L.

h) Calcular el valor de la capacidad de salida del convertidor para que el rizado de tensión de salida sea menor de 0.7 voltios.

Solución al problema

Modo de conducción del convertidor

A la vista de las gráficas de la fig. 13.2, se puede observar que hay tres intervalos de funcionamiento, donde en uno de ellos la tensión de la bobina v_L es cero, por lo que se puede concluir que el convertidor está trabajando en MCD.

Potencia media disipada por la carga resistiva y valor de R

Antes de proceder al cálculo de la potencia a la salida y de la carga resistiva, es necesario realizar un análisis de los intervalos de funcionamiento del convertidor reductor-elevador.

En en intervalo de conducción ($0 \leq t \leq DT$) las ecuaciones que caracterizan a este convertidor, como se vio en su análisis, son las siguientes:

$$v_L = V_d \tag{13.1}$$

$$i_C = -I_o \tag{13.2}$$

Teniendo en cuenta la fig. 13.2, observamos que en dicho intervalo (el cual necesariamente ha de ser el que tenga la tensión v_L positiva siendo i_C negativa y constante), se cumple que:

$$v_L = 100V \tag{13.3}$$

$$i_C = -4A \tag{13.4}$$

Volviendo a las ecuaciones (13.1) y (13.2):

$$V_d = 100V \tag{13.5}$$

$$I_o = 4A \tag{13.6}$$

Por su parte, en el intervalo de no conducción ($DT \leq t \leq (D+D_1)T$), las ecuaciones que caracterizan a este convertidor son las siguientes:

$$V_L = V_o \tag{13.7}$$

$$i_C = i_L - I_o \tag{13.8}$$

Teniendo en cuenta la fig. 13.2, observamos que en dicho intervalo (el cual necesaria-mente ha de ser el que tenga la tensión v_L negativa y la corriente i_C decreciente), se cumple que:

$$v_L = -50V \tag{13.9}$$

$$i_C^{max} = 10.2A \tag{13.10}$$

Volviendo a las ecuaciones (13.7) y (13.8):

$$V_o = 50V \tag{13.11}$$

$$i_L^{max} = i_C^{max} + I_o = 14.2A \tag{13.12}$$

Conociendo estos valores, se puede proceder al cálculo de la potencia de salida:

$$P_o = V_o I_o = 50 \cdot 4 = 200W \tag{13.13}$$

Y conociendo la potencia de salida, puede calcularse el valor de la carga resistiva como:

$$P_o = I_o V_o = I_o^2 R \tag{13.14}$$

$$R = \frac{P_o}{I_o^2} = \frac{200}{4^2} = 12.5\Omega \tag{13.15}$$

Valor máximo de la corriente por la bobina y rizado de corriente por la bobina

El valor máximo de la corriente por la bobina ya se tiene del apartado anterior, y resulta ser:

$$i_L^{max} = 14.2A \qquad (13.16)$$

En cuanto al rizado de corriente por la bobina, como el convertidor se encuentra en MCD, se tiene que $\Delta i_L = i_L^{max}$, y por lo tanto:

$$\Delta i_L = 14.2A \qquad (13.17)$$

Valor del duty cycle y corriente media por la entrada

En primer lugar, se calculará la corriente media por la fuente de entrada I_s, sabiendo que la potencia media suministrada por ésta ha de ser igual a la potencia media de salida:

$$P_s = I_s V_d = P_o \qquad (13.18)$$

$$I_s = \frac{P_o}{V_d} = \frac{200}{100} = 2A \qquad (13.19)$$

Según la definición de la corriente media por la fuente de entrada:

$$I_s = \frac{1}{T}\int_0^T i_s dt = \frac{1}{T}\int_0^{DT} i_L dt = \frac{1}{T}DT\frac{\Delta i_L}{2} = D\frac{\Delta i_L}{2} \qquad (13.20)$$

$$D = \frac{2I_s}{\Delta i_L} = \frac{2\cdot 2}{14.2} = 0.2817 \qquad (13.21)$$

Tiempo que el diodo está conduciendo

El tiempo que el diodo está conduciendo no es más que el tiempo que dura el intervalo de no conducción, es decir $D_1 T$. Este puede hallarse con ayuda de la corriente a la salida:

$$I_o = I_L \frac{D_1}{D + D_1} \qquad (13.22)$$

La expresión de la corriente media por la bobina es:

$$I_L = (D + D_1)\frac{\Delta i_L}{2} \qquad (13.23)$$

Sustituyendo (13.23) en (13.22) se obtiene una expresión de la que se puede despejar D_1:

$$I_o = D_1 \frac{\Delta i_L}{2} \qquad (13.24)$$

$$D_1 = \frac{2I_o}{\Delta i_L} = \frac{2 \cdot 4}{14.2} = 0.5634 \qquad (13.25)$$

Por tanto, el tiempo que está conduciendo el diodo es:

$$D_1 T = 563.4\mu s \qquad (13.26)$$

Corriente media por la bobina

Se puede obtener con la siguiente expresión:

$$I_L = (D + D_1)\frac{\Delta i_L}{2} = (0.2817 + 0.5634)\frac{14.2}{2} = 6A \qquad (13.27)$$

Valor de la bobina L

Se puede hallar gracias a la definición del rizado de corriente por la bobina, cuyo valor ya se conoce:

$$\Delta i_L = \frac{V_d}{L}DT \tag{13.28}$$

$$L = \frac{V_d DT}{\Delta i_L} = \frac{100 \cdot 0.2817 \cdot 10^{-4}}{14.2} = 2\text{mH}. \tag{13.29}$$

Capacidad del condensador para que el rizado de tensión a la salida sea menor a 0.7 voltios

En el convertidor reductor-elevador, en MCD, el rizado de tensión a la salida expresado en voltios se calcula como:

$$\Delta v_o = \frac{(\Delta i_L - I_o)^2}{2C\Delta i_L}D_1 T \tag{13.30}$$

Como se desea que $\Delta v_o < 0.7V$:

$$0.7 > \frac{(\Delta i_L - I_o)^2}{2C\Delta i_L}D_1 T \tag{13.31}$$

$$C > \frac{(\Delta i_L - I_o)^2}{2 \cdot 0.7 \Delta i_L}D_1 T = \frac{(14.2 - 4)^2}{2 \cdot 0.7 \cdot 14.2} \cdot 0.5634 \cdot 10^{-4} = 2.9\text{mF} \tag{13.32}$$

14 Problema Reductor-Elevador 3

Enunciado

Para el convertidor reductor-elevador de la fig. 14.1 se tienen los siguientes datos: $f = 10kHz$, $V_d = 15V$. La corriente media que circula por el diodo es de $20A$ y la potencia media suministrada por la fuente de entrada es de $100W$.

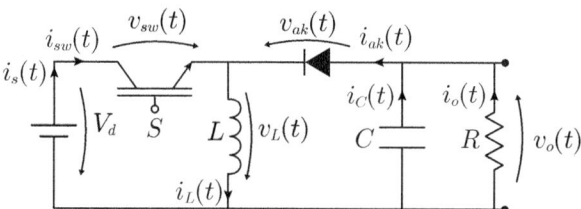

Figura 14.1 Esquema del convertidor reductor-elevador.

a) Obtener el valor de la bobina mínimo para que el convertidor esté trabajando en modo de conducción continua.

b) Calcular el valor de la bobina mínimo para que el rizado de corriente en la bobina sea menor de 2 amperios. Imponer el valor de la bobina calculado en este apartado para el resto del problema.

c) Demostrar si el convertidor está trabajando en modo de conducción continuo o discontinuo.

d) Calcular el valor de corriente media por la bobina.

e) Calcular el valor de corriente media que circula por el interruptor de potencia.

f) Calcular el valor de la capacidad de salida del convertidor para que el rizado de tensión a la salida sea menor de 0.5 voltios.

g) Calcular la frecuencia mínima de funcionamiento para que el convertidor esté funcionando en el límite entre el modo de conducción continuo y discontinuo.

h) Calcular las tensiones y corrientes máximas que deben soportar el interruptor de potencia y el diodo.

Solución al problema

Valor mínimo de la bobina para que el convertidor opere en MCC

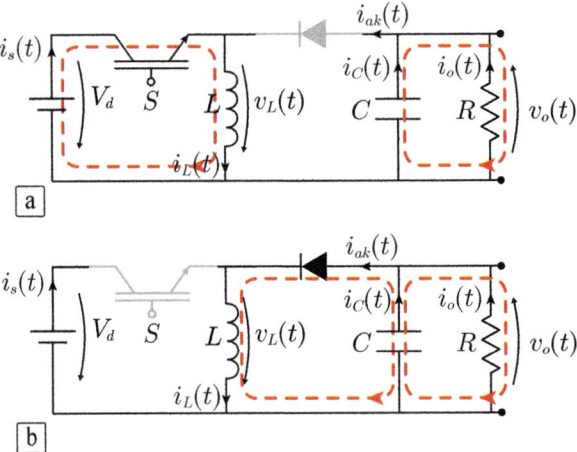

Figura 14.2 Intervalos de funcionamiento del convertidor reductor-elevador en MCC.

En el convertidor reductor-elevador, analizando primero el intervalo de conducción mostrado en la fig. 14.2a, se obtienen las siguientes ecuaciones:

$$i_s = i_L; \tag{14.1}$$

$$i_{ak} = 0; \tag{14.2}$$

Asimismo, si se analiza el intervalo de no conducción mostrado en la fig. 14.2b, se obtienen las siguientes ecuaciones:

$$i_s = 0; \tag{14.3}$$

$$i_{ak} - i_L; \tag{14.4}$$

La evolución de las corrientes por la fuente de tensión de entrada, por el diodo y por la bobina suponiendo el convertidor operando en MCC, se presenta en la fig. 14.3.

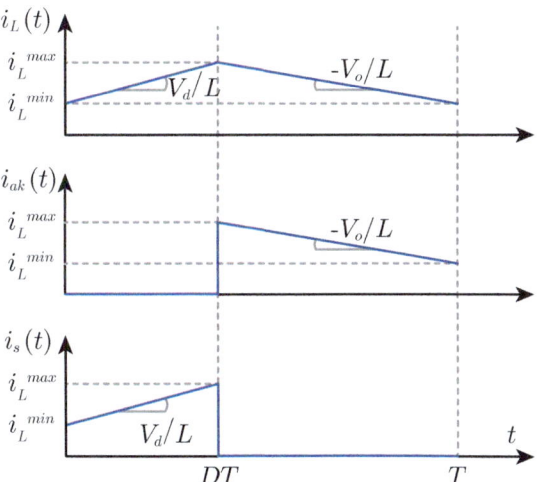

Figura 14.3 Evolución de las corrientes en el circuito.

Observando la fig. 14.3, se puede afirmar lo siguiente:

$$I_{ak} = \frac{1}{T} \int_0^T i_{ak}dt = \frac{1}{T} \int_{DT}^T i_L dt = I_L(1-D); \tag{14.5}$$

$$I_s = \frac{1}{T} \int_0^T i_s dt = \frac{1}{T} \int_0^{DT} i_L dt = I_L D; \tag{14.6}$$

Si se suman las ecuaciones (14.5) y (14.6), se obtiene lo siguiente:

$$I_{ak} + I_s = I_L(1-D) + I_L D = I_L; \tag{14.7}$$

No se conoce el valor de I_s, pero como se tiene como dato la potencia media suministrada por la fuente de entrada y la tensión de la fuente de entrada, se puede calcular como:

$$I_s = \frac{P}{V_d} = \frac{100}{15} = 6.667A. \tag{14.8}$$

De este modo, regresando a la ecuación (14.7), se obtiene:

$$I_L = I_s + I_{ak} = 6.667 + 20 = 26.667A. \tag{14.9}$$

Asimismo, se puede obtener ya el valor del duty cycle D:

$$I_s = I_L D$$
$$D = \frac{I_s}{I_L} = \frac{6.667}{26.667} = 0.25. \tag{14.10}$$

Ya se puede proceder a calcular el valor de la bobina para que el convertidor funcione en MCC, para lo cual ha de cumplirse la siguiente condición:

$$I_L \geq I_{L_B} = \frac{\Delta i_L}{2} = \frac{V_d}{2L}DT$$

$$L \geq \frac{V_d}{2I_L}DT = \frac{15}{2 \cdot 26.667} \cdot 0.25 \cdot 10^{-4} = 7.03\mu H. \tag{14.11}$$

Valor de la bobina para que el rizado de corriente sea menor de 2A

Se procede utilizando la fórmula del rizado de corriente por la bobina, del siguiente modo:

$$\Delta i_L = \frac{V_d}{L}DT < 2;$$

$$L > \frac{V_d DT}{2} = \frac{15 \cdot 0.25 \cdot 10^{-4}}{2} = 187.5\mu H. \tag{14.12}$$

A partir de este momento, se utilizará el valor $L = 187.5\mu H$ para el resto de los apartados del problema.

Demostrar en qué modo de funcionamiento está operando el convertidor y cálculo de la corriente media por la bobina

Partiendo de los valores ya calculados, el convertidor debe operar en MCC. Para comprobarlo, suponemos que efectivamente funciona en MCC y a posteriori se comprueba si se cumple dicha suposición, es decir, si la siguiente condición se cumple:

$$I_L \geq I_{LB} = \frac{\Delta i_L}{2}. \tag{14.13}$$

El valor de I_L ya se conoce, del apartado anterior, ya que éste no depende de L, sino solo de datos del enunciado (concretamente, las corrientes medias por el diodo y por la fuente de entrada). Por su parte, el valor del rizado de corriente es el siguiente:

$$\Delta i_L = \frac{V_d}{L} DT = \frac{15}{187.5 \cdot 10^{-6}} \cdot 0.25 \cdot 10^{-4} = 2A. \qquad (14.14)$$

Volviendo a la ecuación (14.13):

$$I_L = 26.667A \geq \frac{\Delta i_L}{2} = 1. \qquad (14.15)$$

Por tanto, se observa que la condición de operación en MCC se cumple, por lo que es correcto afirmar que el convertidor se encuentra en operando en MCC y todos los cálculos anteriores son correctos.

Corriente media por el interruptor de potencia

Observando la fig. 14.2, es fácil observar que la corriente que circula por el interruptor de potencia es siempre igual a la corriente suministrada por la fuente de entrada. Así:

$$I_{sw} = I_s = 6.667A. \qquad (14.16)$$

Capacidad del condensador para que el rizado de tensión de salida sea menor a 0.5V

Hay que recordar que la expresión a utilizar para calcular el rizado de tensión de salida depende del signo de $i_L^{min} - I_o$,. Así, hay que calcular el valor de esta expresión, determinando inicialmente el valor de i_L^{min} como:

$$i_L^{min} = I_L - \frac{\Delta i_L}{2} = 26.667 - 1 = 25.667A. \qquad (14.17)$$

Por otro lado, el valor de I_o puede hallar como:

$$I_o = (1 - D)I_L = (1 - 0.25) \cdot 26.667 = 20A. \tag{14.18}$$

Como $i_L^{min} - I_o = 25.667 - 20 = 5.667A > 0$, el rizado de tensión de salida expresado en voltios debe cumplir que:

$$\Delta v_o[V] = \frac{DTI_o}{C} < 0.5;$$

$$C > \frac{DTI_o}{0.5} = \frac{0.25 \cdot 10^{-4} \cdot 20}{0.5} = 1mF. \tag{14.19}$$

Frecuencia mínima para que el convertidor esté en el límite entre MCC y MCD

Para que el convertidor esté operando en el límite entre MCC y MCD, se tiene que cumplir que:

$$I_L = \frac{\Delta i_L}{2} = \frac{V_d}{L}DT$$

$$\frac{1}{T} = f = \frac{V_d D}{I_L L} = \frac{15 \cdot 0.25}{26.667 \cdot 187.5 \cdot 10^{-6}} = 750Hz. \tag{14.20}$$

Corrientes y tensiones máximas por el interruptor de potencia y el diodo

En el convertidor reductor-elevador, la tensión máxima para ambos dispositivos es:

$$|v_{ak}^{max}| = v_{sw}^{max} = V_d + V_o \tag{14.21}$$

La tensión de salida V_o del reductor-elevador, en MCC, se puede calcular como:

$$V_o = V_d \frac{D}{1 - D} = 15 \frac{0.25}{1 - 0.25} = 5V. \tag{14.22}$$

Sustituyendo en (14.21), se obtiene la tensión máxima a soportar por los dispositivos:

$$|v_{ak}^{max}| = v_{sw}^{max} = V_d + V_o = 15 + 5 = 20V. \tag{14.23}$$

En cuanto a las corrientes máximas, en este convertidor se cumple que:

$$i_{ak}^{max} = i_{sw}^{max} = i_L^{max}. \tag{14.24}$$

El valor de i_L^{max} es fácilmente calculable como:

$$i_L^{max} = I_L + \frac{\Delta i_L}{2} = 26.667 + 1 = 27.667A. \tag{14.25}$$

Sustituyendo en las ecuación (14.24):

$$i_{ak}^{max} = i_{sw}^{max} = 27.667A \tag{14.26}$$

15 Problema Ćuk 1

Enunciado

Para el convertidor Ćuk de la figura se tienen los siguientes datos: frecuencia de conmutación de $15000Hz$, bobina $L_1 = 2mH$, bobina $L_2 = 3mH$, corriente media por la carga $I_o = 1.54A$, potencia media en la carga $P_o = 338.8W$, corriente media por la fuente de entrada $I_s = 2,667717A$.

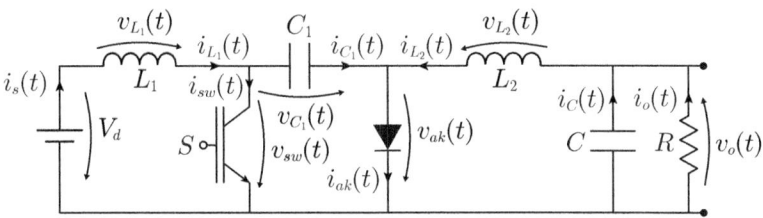

Figura 15.1 Esquema del convertidor Ćuk.

Se pide:

a) Determinar si el convertidor está operando de forma que las corrientes por las bobinas son siempre positivas.

b) Determinar el valor medio de las corrientes por las bobinas L_1 y L_2.

c) Determinar el rizado de las corrientes por las bobinas L_1 y L_2.

d) Determinar la corriente media que circula por el diodo.

e) Calcular el valor máximo instantáneo de la corriente que circula por el diodo.

f) Determinar el valor de la capacidad de salida del convertidor para que el rizado de tensión en la carga sea menor del 1 % de su tensión media en este punto de operación.

Solución al problema

Modo de operación del convertidor y de las bobinas

En este apartado se va a determinar si la corriente por ambas bobinas es siempre positiva, o hay algún momento en el que alguna de las dos se hace negativa. Para ello, se determinará primero el modo de operación del convertidor.

En primer lugar, se calculan las tensiones en la entrada y en la salida del convertidor, con ayuda del balance de potencia.

$$P_o = I_o V_o; \quad V_o = \frac{P_o}{I_o} = \frac{338.8W}{1.54A} = 220V, \tag{15.1}$$

$$P_o = I_s V_d; \quad V_d = \frac{P_o}{I_s} = \frac{338.8W}{2.667717A} = 127V. \tag{15.2}$$

Se supone que el convertidor funciona en MCC para hallar el ciclo de trabajo (D), y luego se comprobará. De ese modo, en MCC se cumple lo siguiente:

$$V_o = V_d \frac{D}{1-D}; \quad 220 = 127 \frac{D}{1-D}. \tag{15.3}$$

Despejando D de (15.3), se obtiene que $D = 0.634$.

Para comprobar si la suposición de MCC es correcta, se calcula el valor de la corriente de salida justo en el límite entre ambos modos de conducción (el valor boundary, I_{oB}).

$$I_{oB} = \frac{V_d}{2L_2}DT = \frac{127}{2 \cdot 3 \cdot 10^{-3}} \cdot 0.634 \cdot 6.67 \cdot 10^{-5} = 0.89509A. \qquad (15.4)$$

Si se compara el valor de I_{oB} con el valor de la corriente media a la salida, este último resulta superior ($I_o > I_{oB}$). Por lo tanto, se deduce que el convertidor está en MCC, y la suposición hecha era correcta. Nótese que en la expresión (15.4) se ha hecho uso de que $T = 1/f = 1/15000Hz$.

Una vez hecho este primer análisis, se procede a calcular el valor de las corrientes medias por ambas bobinas, así como sus valores límites (los cuales determinan el modo de operación de cada bobina), para compararlos. Para la bobina L_1, su corriente media coincide con la corriente media a la entrada, y por lo tanto:

$$I_{L1} = I_s = 2.667717A. \qquad (15.5)$$

El valor límite de I_{L1} que determina si en algún momento se hace negativa viene dado por la siguiente expresión:

$$I_{L1B} = \frac{\Delta i_{L1}}{2} = \frac{V_d}{2L_1}DT = \frac{127}{2 \cdot 2 \cdot 10^{-3}} \cdot 0.634 \cdot 6.67 \cdot 10^{-5} = 1.34263A. \qquad (15.6)$$

Nótese que en la expresión (15.6) se ha hecho uso de que, en MCC, el rizado de corriente en la bobina L_1 puede calcularse como $\Delta i_{L1} = (V_d/L_1)DT$.

A la vista de los resultados obtenidos en (15.5) y (15.6), se evidencia que $I_{L1} > I_{L1B}$, con lo que se puede afirmar que la corriente por la bobina L_1 es siempre positiva.

Para la bobina L_2, en MCC, tanto su valor medio como su valor límite coinciden con el valor medio y el valor límite de la corriente de salida. Es decir:

$$I_{L2} = I_o = 1.54A, \tag{15.7}$$

$$I_{L2B} = I_{oB} = 0.89509A. \tag{15.8}$$

$$\tag{15.9}$$

A la vista de los resultados obtenidos en (15.7) y (15.8), se evidencia que $I_{L2} > I_{L2B}$, con lo que se puede afirmar que la corriente por la bobina L_2 es siempre positiva.

Valor medio de las corrientes por las bobinas

El valor medio de las corrientes por las bobinas se calculó en el apartado anterior, pues era necesario para hallar el modo de operación de ambas. Estos valores resultaron ser los siguientes:

$$I_{L1} = 2.667717A, \tag{15.10}$$

$$I_{L2} = 1.54A. \tag{15.11}$$

Rizado de corrientes por las bobinas

En MCC, las expresiones que permiten obtener el rizado de corriente de cada bobina son las siguientes:

$$\Delta i_{L1} = \frac{V_d}{L_1} DT = \frac{127}{2 \cdot 10^{-3}} \cdot 0.634 \cdot 6.67 \cdot 10^{-5} = 2.68528A, \tag{15.12}$$

$$\Delta i_{L2} = \frac{V_d}{L_2} DT = \frac{127}{3 \cdot 10^{-3}} \cdot 0.634 \cdot 6.67 \cdot 10^{-5} = 1.79018A. \tag{15.13}$$

Corriente media que circula por el diodo

En MCC, en este convertidor se cumple que la corriente por el diodo es nula durante el intervalo de conducción del interruptor de potencia, e igual a la suma de las corrientes por las bobinas L_1 y L_2 durante el intervalo de no conducción. Por ello, la corriente media por el diodo puede calcularse como:

$$I_{ak} = (1 - D)(I_{L1} + I_{L2}) = (1 - 0.634)(2.667717 + 1.54) = 1.54A. \qquad (15.14)$$

Valor máximo instantáneo de la corriente que circula por el diodo

La corriente que circula por el diodo, en MCC, es nula en el intervalo de conducción, y es igual a la suma de las corrientes por las bobinas, en el intervalo de no conducción. Por ello, la corriente por el diodo será máxima cuando la suma de las corrientes por las bobinas sea máxima. Justo en el inicio del intervalo de conducción, la corriente por cada una de las bobinas alcanzan sus valores máximos, es decir: $i_{L1} = i_{L1}^{max}$ y $i_{L2} = i_{L2}^{max}$. Es en este instante cuando la corriente por el diodo alcanzará su valor máximo, que será:

$$i_{ak}^{max} = i_{L1}^{max} + i_{L2}^{max} = I_{L1} + \frac{\Delta i_{L1}}{2} + I_{L2} + \frac{\Delta i_{L2}}{2} = 6.44545A. \qquad (15.15)$$

Capacidad de salida para que el rizado de tensión en la carga sea menor del 1 %

En este convertidor, en MCC, el rizado de la tensión de salida en porcentaje puede obtenerse a través de la siguiente expresión:

$$\frac{\Delta v_o}{V_o}[\%] = 100 \frac{T \Delta i_{L2}}{8CV_o}. \qquad (15.16)$$

Si en (15.16) se despeja el valor de la capacidad del condensador de salida (C), y se impone que el rizado sea inferior al 1 %:

$$100\frac{T\Delta i_{L2}}{8CV_o} < 1;$$

$$C > 100\frac{T\Delta i_{L2}}{8V_o} = 6.781\mu F \tag{15.17}$$

16 Problema Ćuk 2

Enunciado

Para el convertidor Ćuk de la figura se tienen los siguientes datos: frecuencia de conmutación de $15000Hz$, bobina $L_1 = 2mH$, bobina $L_2 = 3mH$, corriente media por la carga $I_o = 0.4167A$, potencia media en la carga $P_o = 25W$, corriente media por la fuente de entrada $I_s = 0.1969A$.

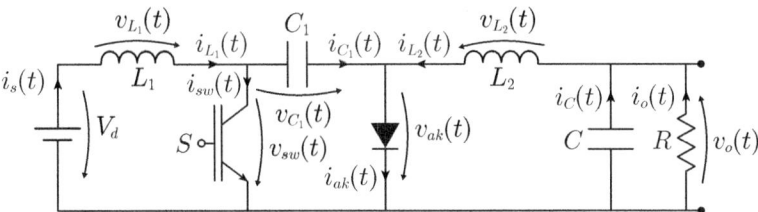

Figura 16.1 Esquema del convertidor Ćuk.

Se pide:

a) Determinar el modo de operación del convertidor.

b) Determinar el valor medio de las corrientes por las bobinas L_1 y L_2.

c) Determinar el rizado de las corrientes por las bobinas L_1 y L_2.

d) Determinar la corriente media que circula por el diodo.

e) Calcular el valor máximo instantáneo de la corriente que circula por el diodo.

f) Determinar el valor de la capacidad de salida del convertidor para que el rizado de tensión en la carga sea menor del 1 % de su tensión media en este punto de operación.

Solución al problema

Modo de operación del convertidor

En primer lugar, se calculan las tensiones de entrada y salida del convertidor, con ayuda del balance de potencia.

$$P_o = I_o V_o; \quad V_o = \frac{P_o}{I_o} = \frac{25W}{0.4167A} = 60V, \tag{16.1}$$

$$P_o = I_s V_d; \quad V_d = \frac{P_o}{I_s} = \frac{25W}{0.1969A} = 127V. \tag{16.2}$$

Se supone que el convertidor funciona en MCC para hallar el ciclo de trabajo (D), y luego se comprobará. De ese modo, en MCC se cumple lo siguiente:

$$V_o = V_d \frac{D}{1-D}; \quad 60 = 127 \frac{D}{1-D}. \tag{16.3}$$

Despejando D de (16.3), se obtiene que $D = 0.321$.

Para comprobar si la suposición de MCC es correcta, se calcula el valor de la corriente de salida justo en el límite entre ambos modos de conducción (el valor boundary, I_{oB}).

$$I_{oB} = \frac{V_d}{2L_2} DT = \frac{127}{2 \cdot 3 \cdot 10^{-3}} \cdot 0.321 \cdot 6.67 \cdot 10^{-5} = 0.45319A. \tag{16.4}$$

Si se compara el valor de I_{oB} con el valor de la corriente media a la salida, este último resulta inferior ($I_o < I_{oB}$). Por lo tanto, se deduce que el convertidor no está en MCC, y la suposición hecha era incorrecta. Nótese que en la expresión (15.4) se ha hecho uso de que $T = 1/f = 1/15000Hz$. Se concluye, por lo tanto, que el convertidor se encuentra operando en MCD.

Valor medio de las corrientes por las bobinas

En este convertidor, tanto en MCC como en MCD, se cumple que la corriente media de la bobina L_1 coincide con la corriente media de entrada, y que la corriente media de la bobina L_2 coincide con la corriente media de salida. De este modo:

$$I_{L1} = I_s = 0.1969A, \tag{16.5}$$

$$I_{L2} = I_o = 0.4167A. \tag{16.6}$$

Rizado de corrientes por las bobinas

En MCD, los rizados de las corrientes por las bobinas se pueden calcular como:

$$\Delta i_{L1} = \frac{V_d}{L_1}DT, \tag{16.7}$$

$$\Delta i_{L2} = \frac{V_d}{L_2}DT. \tag{16.8}$$

Sin embargo, no se conoce aún el valor del ciclo de trabajo (D). Para ello se van a utilizar las expresiones que permiten calcular las corrientes medias por las bobinas, que definirán un sistema de dos ecuaciones con dos incógnitas, D y D_1.

$$I_{L1} = i_{L1}^{min} + (D+D_1)\frac{V_d}{2L_1}DT, \tag{16.9}$$

$$I_{L2} = i_{L2}^{min} + (D+D_1)\frac{V_d}{2L_2}DT. \tag{16.10}$$

En MCD, en el intervalo de no conducción del interruptor de potencia y del diodo, las corrientes por las bobinas (que en este intervalo son las mínimas) son iguales y de signo contrario, es decir, $i_{L1} = -i_{L2}$. Por ello, las corrientes mínimas por las bobinas cumplen que: $i_{L1}^{min} = -i_{L2}^{min}$. Aplicando esto a las ecuaciones (16.9) y (16.10):

$$I_{L1} = i_{L1}^{min} + (D+D_1)\frac{V_d}{2L_1}DT, \tag{16.11}$$

$$I_{L2} = -i_{L1}^{min} + (D+D_1)\frac{V_d}{2L_2}DT. \tag{16.12}$$

Sumando estas últimas ecuaciones, (16.11) y (16.12), se consigue eliminar la incógnita i_{L1}^{min}:

$$I_{L1} + I_{L2} = \left(\frac{1}{2L_1} + \frac{1}{2L_2}\right)V_dDT(D+D_1). \tag{16.13}$$

Por último, en la ecuación (16.13) hay dos incógnitas, D y D_1. Se puede eliminar una, conociendo la relación entre la tensión de entrada y de salida de este convertidor en MCD:

$$V_o = V_d\frac{D}{D_1};$$

$$D_1 = \frac{V_d}{V_o}D. \tag{16.14}$$

Sustituyendo (16.14) en la ecuación (16.13), se obtiene una expresión con una única incógnita, D, en la que ya se pueden sustituir valores y despejar:

$$I_{L1} + I_{L2} = \left(\frac{1}{2L_1} + \frac{1}{2L_2}\right)V_dDT\left(D+\frac{V_d}{V_o}D\right).$$

$$0.1969 + 0.4167 = \left(\frac{1}{2\cdot 2\cdot 10^{-3}} + \frac{1}{2\cdot 3\cdot 10^{-3}}\right)\cdot 127\cdot D\cdot 6.667\cdot 10^{-5}\cdot\left(D+\frac{127}{60}D\right)$$

$$\tag{16.15}$$

Despejando D de (16.15), se obtiene $D = 0.2362$. Ya se puede calcular el rizado de corriente por las bobinas, con ayuda de las ecuaciones (16.7) y (16.8):

$$\Delta i_{L1} = \frac{V_d}{L_1}DT = \frac{127}{2 \cdot 10^{-3}} \cdot 0.2362 \cdot 6.667 \cdot 10^{-5} = 1A.$$

$$\Delta i_{L2} = \frac{V_d}{L_2}DT = \frac{127}{3 \cdot 10^{-3}} \cdot 0.2362 \cdot 6.667 \cdot 10^{-5} = 0.6666A.$$

Corriente media que circula por el diodo

En MCD, en este convertidor se cumple que la corriente por el diodo es nula durante el intervalo de conducción del interruptor de potencia, e igual a la suma de las corrientes por las bobinas L_1 y L_2 durante el intervalo en el que conduce el diodo. Es decir, por el diodo pasa una corriente no nula únicamente un D_1 intervalo de todo el periodo. Esta corriente será decreciente con un valor máximo $i_{ak}^{max} = i_{L1}^{max} + i_{L2}^{max}$ y un valor mínimo $i_{ak}^{min} = 0$. La corriente media por él, se puede calcular como el área bajo esta recta decreciente, tal y como se indica en el análisis del convertidor.

$$I_{ak} = \frac{1}{2}(D_1 \cdot i_{ak}^{max}). \tag{16.16}$$

Como se observa en la ecuación (16.14), hace falta conocer el valor de D_1 para calcular la corriente media por el diodo. D_1 puede conocerse a través de la relación entre la tensión de entrada y la tensión de salida:

$$V_o = V_d \frac{D}{D_1}; D_1 = \frac{V_d}{V_o}D = \frac{127}{60} \cdot 0.2362 = 0.5. \tag{16.17}$$

Es necesario también conocer los valores máximos de las corrientes por las bobinas. Como se conoce el valor de los rizados de corrientes, se pueden sumar al valor mínimo de la corriente por cada bobina, para obtener así los máximos. Sin embargo, tampoco se conocen estos valores mínimos, pero se pueden sacar de la expresión de la corriente media por las bobinas:

$$I_{L1} = i_{L1}^{min} + (D + D_1)\frac{\Delta i_{L1}}{2};$$

$$0.1969 = i_{L1}^{min} + (0.2369 + 0.5)\frac{1}{2}. \tag{16.18}$$

$$I_{L2} = i_{L2}^{min} + (D + D_1)\frac{\Delta i_{L2}}{2};$$

$$0.4167 = i_{L2}^{min} + (0.2369 + 0.5)\frac{1}{2}. \tag{16.19}$$

Despejando de la ecuación 16.18, se obtiene $i_{L1}^{min} = -0.1712A$. Y despejando de la ecuación 16.19, se obtiene $i_{L2}^{min} = 0.1712A$. Son iguales pero de signo contrario, como se comentó en el apartado anterior y como cabía esperar, ya que el convertidor se encuentra en MCD.

Ya se pueden calcular las corrientes máximas, incluida la del diodo.

$$i_{L1}^{max} = i_{L1}^{min} + \Delta i_{L1} = -0.1712 + 1 = 0.8288A.$$

$$i_{L2}^{max} = i_{L2}^{min} + \Delta i_{L2} = 0.1712 + 0.6666 = 0.8378A.$$

$$i_{ak}^{max} = i_{L1}^{max} + i_{L2}^{max} = 0.8288 + 0.8378A = 1.6666A.$$

Y ya se está en disposición de poder calcular la corriente media por el diodo, mediante la expresión (16.16):

$$I_{ak} = \frac{1}{2}(D_1 \cdot i_{ak}^{max}) = \frac{1}{2}(0.5 \cdot 1.6666) = 0.4167A. \tag{16.20}$$

Valor máximo instantáneo de la corriente que circula por el diodo

La corriente máxima por el diodo se calculó en el apartado anterior y resultó ser:

$$i_{ak}^{max} = 1.6666A.$$

Capacidad de salida para que el rizado de tensión en la carga sea menor del 1 %

En este convertidor, en MCC, el rizado de la tensión de salida expresado en porcentaje puede obtenerse a través de la siguiente expresión:

$$\frac{\Delta v_o}{V_o}[\%] = 100\frac{(i_{L2}^{max} - I_o)^2}{2CV_o\Delta i_{L2}}(D+D_1)T \tag{16.21}$$

Si en (16.21) se despeja el valor de la capacidad del condensador de salida (C), y se impone que el rizado sea inferior al 1 %:

$$100\frac{(i_{L2}^{max} - I_o)^2}{2CV_o\Delta i_{L2}}(D+D_1)T < 1$$

$$C > 100\frac{(i_{L2}^{max} - I_o)^2}{2V_o\Delta i_{L2}}(D+D_1)T = 10.88\mu F \tag{16.22}$$

17 Problema Bidireccional 1

Enunciado

En el convertidor bidireccional de la figura, se tiene que $V_1 = 120V$, $V_2 = 180V$ y la frecuencia de conmutación es $f = 5kHz$. Si $L = 6mH$, determinar:

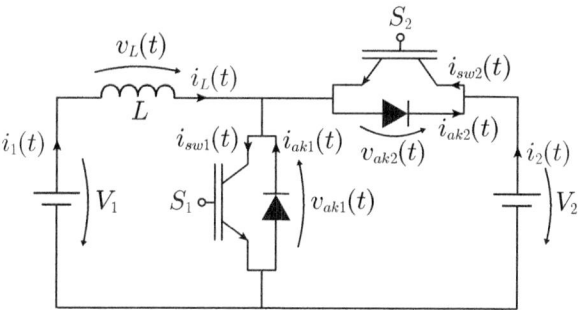

Figura 17.1 Esquema del convertidor bidireccional.

- Valor mínimo de la potencia media suministrada por la fuente de tensión V_1 para que el convertidor presente una corriente por la bobina que sea siempre positiva.

Suponiendo una potencia media suministrada por la fuente de tensión V_1 es de 500 vatios, -1000 vatios y 50 vatios, calcular en cada caso:

- Corriente media por la bobina I_L.

• Corriente media por los diodos y por los interruptores de potencia, indicando sus valores máximos y mínimos.

• Tiempo que conducen los diodos y los interruptores de potencia.

Solución al problema

Valor de potencia media mínima suministrada por la fuente V_1 para que la corriente por la bobina i_L sea siempre positiva

En primer lugar, averiguamos el valor de D del siguiente modo:

$$D = 1 - \frac{V_1}{V_2} = 1 - \frac{120}{180} = 0.33. \tag{17.1}$$

Con el valor de D, se puede determinar el rizado de corriente en la bobina Δi_L como:

$$\Delta i_L = \frac{V_1}{L} DT = \frac{120}{6 \cdot 10^{-3}} (0.33 \cdot 200 \cdot 10^{-6}) = 1.33A. \tag{17.2}$$

Nótese que se ha empleado que $T = 1/f$. Conociendo el valor del rizado de corriente en la bobina se puede determinar el valor mínimo de la corriente media en la bobina para que dicha corriente sea siempre positiva:

$$I_{LB} = \frac{\Delta i_L}{2} = \frac{1.33}{2} = 0.66A \tag{17.3}$$

Por tanto, la potencia mímina que debe suministrar la fuente de tensión V_1 para que la corriente por la bobina sea positiva es:

$$P_B = V_1 I_{LB} = 120 \cdot 0.66 = 80W \tag{17.4}$$

Potencia media suministrada por la fuente V_d de 500 vatios

Como la potencia suministrada por la fuente es mayor de 80 vatios, la corriente por la bobina debe ser siempre positiva. Calculemos inicialmente la corriente media que circula por la bobina como:

$$I_L = I_s = \frac{P}{V_1} = \frac{500}{120} = 4.16A \tag{17.5}$$

Los valores máximo y mínimo de la corriente que circula por la bobina (recordemos que este valor máximo coincide con la corriente máxima que circula por los componentes que se encuentren en el estado de conducción) son:

$$i_L^{min} = I_L - \frac{\Delta i_L}{2} = 4.16 - \frac{1.33}{2} = 3.5A$$
$$i_L^{max} = I_L + \frac{\Delta i_L}{2} = 4.16 + \frac{1.33}{2} = 4.83A \tag{17.6}$$

Con esto se comprueba que efectivamente la corriente que circula a través de la bobina es siempre positiva. Al ser esto así, el interruptor de potencia 2 y el diodo 1 no se encuentran en ningún momento del periodo de trabajo en estado de conducción por lo que la corriente que circula a través de ellos es nula. Por otro lado, la corriente media que circula por el interruptor de potencia 1 y por el diodo 2 se pueden calcular como:

$$I_{sw1} = \frac{1}{T} \int_0^T i_{sw1} dt = \frac{1}{T} \left(i_L^{min} DT + DT \frac{\Delta i_L}{2} \right) = DI_L = 1.3889A$$
$$I_{ak2} = \frac{1}{T} \int_0^T i_{ak2} dt = \frac{1}{T} \left(i_L^{min}(1-D)T + (1-D)T \frac{\Delta i_L}{2} \right) = (1-D)I_L = 2.7778A$$
$$\tag{17.7}$$

La corriente por la bobina circula por el interruptor de potencia 1 un tiempo igual a $t_{sw1,on} = DT = 66.66\mu s$ siendo su valor máximo igual a $i_L^{max} = 4.83A$. Por otro lado, la corriente por la bobina circulará a través del diodo 2 un tiempo igual a $t_{D2,on} = (1-D)T = 133.33\mu s$, siendo también su valor máximo igual a $i_L^{max} = 4.83A$.

Potencia media suministrada por la fuente V_1 de -1000 vatios

Para saber qué ocurre con la corriente en la bobina en este caso, calculamos la corriente media que circula por la bobina como:

$$I_L = I_s = \frac{P}{V_1} = \frac{-1000}{120} = -8.33A \qquad (17.8)$$

Los valores máximo y mínimo de la corriente que circula por la bobina (recordemos que este valor máximo coincide con la corriente máxima que circula por los componentes que se encuentren en el estado de conducción) son:

$$i_L^{min} = I_L - \frac{\Delta i_L}{2} = -8.33 - \frac{1.33}{2} = -9A$$

$$i_L^{max} = I_L + \frac{\Delta i_L}{2} = -8.33 + \frac{1.33}{2} = -7.66A \qquad (17.9)$$

En este caso, al ser la corriente por la bobina siempre negativa, el interruptor de potencia 1 y el diodo 2 no se encuentran en ningún momento del periodo de trabajo en estado de conducción por lo que la corriente que circula a través de ellos es nula. Por otro lado, las corrientes medias que circulan por el interruptor de potencia 2 y por el diodo 1 se pueden calcular como:

$$I_{ak1} = \frac{1}{T} \int_0^T i_{ak1} dt = \frac{1}{T} \left(i_L^{max} DT + DT \frac{\Delta i_L}{2} \right) = DI_L = -2.7778A$$

$$I_{sw2} = \frac{1}{T} \int_0^T i_{sw2} dt = \frac{1}{T} \left(i_L^{max}(1-D)T + (1-D)T \frac{\Delta i_L}{2} \right) = (1-D)I_L = -5.5556A$$

$$\qquad (17.10)$$

La corriente circula por el diodo 1 un tiempo igual a $t_{D1,on} = DT = 66.66\mu s$, siendo su valor máximo igual a $|i_L^{min}| = 9A$. Por otro lado, la corriente por la bobina circulará a través del interruptor de potencia 2 un tiempo igual a $t_{sw2,on} = (1-D)T = 133.33\mu s$, siendo también su valor máximo igual a $|i_L^{min}| = 9A$.

Potencia media suministrada por la fuente V_1 de 50 vatios

Para saber qué ocurre con la corriente en la bobina en este caso, calculamos la corriente media que circula por la bobina como:

$$I_L = I_s = \frac{P}{V_1} = \frac{50}{120} = 0.4167A \qquad (17.11)$$

Los valores máximo y mínimo de la corriente que circula por la bobina son:

$$i_L^{min} = I_L - \frac{\Delta i_L}{2} = 0.4167 - \frac{1.33}{2} = -0.25A$$

$$i_L^{max} = I_L + \frac{\Delta i_L}{2} = 0.4167 + \frac{1.33}{2} = 1.0833A \qquad (17.12)$$

Como se puede observar, en este caso la corriente de la bobina cambia de signo durante la operación del convertidor en el periodo de trabajo. Esto va a hacer que dicha corriente circule por los interruptores de potencia y los diodos del circuito dependiendo del signo de su valor instantáneo. La evolución de estas corrientes se puede observar en la figura 17.2, donde se definen las variables A y B para designar los instantes de tiempo donde la corriente cambia de signo. Es sencillo determinar el valor de estas variables gracias a que se conocen las pendientes positiva y negativa de la corriente que circula por la bobina:

$$A = \frac{D|i_L^{min}|}{\Delta i_L} = 0.0625$$

$$B = \frac{(1-D)|i_L^{min}|}{\Delta i_L} = 0.125 \qquad (17.13)$$

Observando las corrientes representadas en la fig. 17.2 se pueden determinar los valores medios de las corrientes por cada uno de los dispositivos sin mas que calcular las áreas de cada una de las curvas:

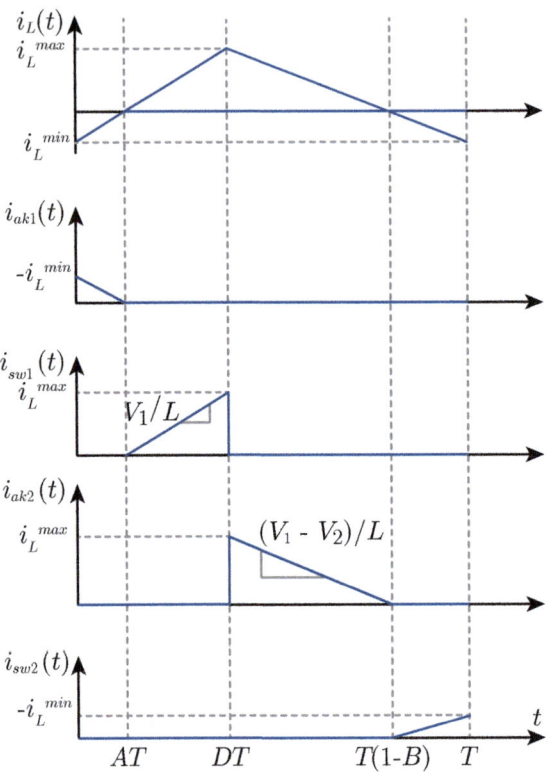

Figura 17.2 Evolución de las corrientes en el circuito con una potencia media suministrada por la fuente de tensión V_1 de 50 vatios.

$$I_{ak1} = \frac{1}{T}\int_0^T i_{ak1}dt = \frac{1}{T}\frac{A\cdot T\cdot|i_L^{min}|}{2} = \frac{0.0625\cdot 0.25}{2} = 0.0078A$$

$$I_{sw1} = \frac{1}{T}\int_0^T i_{sw1}dt = \frac{1}{T}\frac{(D-A)\cdot T\cdot i_L^{max}}{2} = \frac{(0.33-0.0625)\cdot 1.0833}{2} = 0.1467A$$

$$I_{ak2} = \frac{1}{T}\int_0^T i_{ak2}dt = \frac{1}{T}\frac{(1-D-B)\cdot T\cdot i_L^{max}}{2} = \frac{(1-0.33-0.125)\cdot 1.0833}{2} = 0.2934A$$

$$I_{sw2} = \frac{1}{T}\int_0^T i_{sw2}dt = \frac{1}{T}\frac{B\cdot T\cdot|i_L^{min}|}{2} = \frac{0.125\cdot 0.25}{2} = 0.0156A \qquad (17.14)$$

Se puede observar que el diodo D1 está conduciendo un tiempo igual a $A\cdot T$, que se puede calcular conociendo las pendientes de la corriente que circula por la bobina:

$$t_{D1,on} = A \cdot T = \frac{D|i_L^{min}|}{\Delta i_L} T = \frac{0.33 \cdot |-0.25|}{1.33} 200 \cdot 10^{-6} = 12.5\mu s \qquad (17.15)$$

El tiempo de conducción del interruptor de potencia 1 se puede obtener como:

$$t_{sw1,on} = (D-A)T = (0.33 - 0.0625)200 \cdot 10^{-6} = 54.16\mu s \qquad (17.16)$$

En cuanto al interruptor de potencia 2 se puede observar que está conduciendo un tiempo igual a $B \cdot T$, que se puede calcular conociendo las pendientes de la corriente que circula por la bobina:

$$t_{sw2,on} = B \cdot T = \frac{(1-D)|i_L^{min}|}{\Delta i_L} T = \frac{(1-0.33) \cdot |-0.25|}{1.33} 200 \cdot 10^{-6} = 25\mu s \qquad (17.17)$$

Finalmente, el tiempo de conducción del diodo D2 se puede obtener como:

$$t_{D2,on} = (1-D-B)T = (1-0.33-0.125)200 \cdot 10^{-6} = 108.33\mu s \qquad (17.18)$$

18 Anexos

Convertidor Elevador		
Modo de funcionamiento	Modo de Conducción Continua (MCC)	Modo de Conducción Discontinua (MCD)
Relación entre tensiones	$$V_o = \frac{V_d}{1-D}$$	$$V_o = V_d \frac{D+D_1}{D_1}$$
Rizado de corriente por la bobina	$$\Delta i_L = \frac{V_d DT}{L} = \frac{V_o - V_d}{L}(1-D)T$$	$$\Delta i_L = \frac{V_d DT}{L} = \frac{V_o - V_d}{L}D_1 T$$
Corrientes máxima y mínima por la bobina	$$i_L^{min} = I_L - \frac{\Delta i_L}{2}$$ $$i_L^{max} = I_L + \frac{\Delta i_L}{2}$$	$$i_L^{min} = 0$$ $$i_L^{max} = \Delta i_L$$
Relación entre corrientes a la salida y por la bobina	$$I_o = (1-D)I_L$$	$$I_o = I_L \frac{D_1}{D+D_1} = D_1 \frac{\Delta i_L}{2}$$
Corriente media por la fuente de entrada	$$I_s = I_L$$	$$I_s = I_L$$
Rizado de tensión a la salida	$$\frac{\Delta v_o}{V_o} = \frac{DT I_o}{C V_o}$$ si $i_L^{min} - I_o \geq 0$, si no: $$\frac{\Delta v_o}{V_o} = \frac{(i_L^{max} - I_o)^2}{2 C V_o \Delta i_L}(1-D)T$$	$$\frac{\Delta v_o}{V_o} = \frac{(i_L^{max} - I_o)^2}{2 C V_o \Delta i_L}D_1 T$$

Figura 18.1 Formulario convertidor elevador.

Convertidor Reductor		
Modo de funcionamiento	Modo de Conducción Continua (MCC)	Modo de Conducción Discontinua (MCD)
Relación entre tensiones	$V_o = D V_d$	$V_o = V_d \dfrac{D}{D + D_1}$
Rizado de corriente por la bobina	$\Delta i_L = \dfrac{V_d - V_o}{L} DT = \dfrac{V_o}{L}(1 - D)T$	$\Delta i_L = \dfrac{V_d - V_o}{L} DT = \dfrac{V_o}{L} D_1 T$
Corrientes máxima y mínima por la bobina	$i_L^{min} = I_L - \dfrac{\Delta i_L}{2}$ $i_L^{max} = I_L + \dfrac{\Delta i_L}{2}$	$i_L^{min} = 0$ $i_L^{max} = \Delta i_L$
Relación entre corrientes a la salida y por la bobina	$I_o = I_L$	$I_o = I_L = (D + D_1)\dfrac{\Delta i_L}{2}$
Corriente media por la fuente de entrada	$I_s = D I_L$	$I_s = D\dfrac{\Delta i_L}{2}$
Rizado de tensión a la salida	$\dfrac{\Delta v_o}{V_o} = \dfrac{T \Delta i_L}{8 C V_o}$	$\dfrac{\Delta V_o}{V_o} = \dfrac{(\Delta i_L - I_L)^2}{2 C V_o \Delta i_L}(D + D_1)T$

Figura 18.2 Formulario convertidor reductor.

Convertidor Reductor-Elevador		
Modo de funcionamiento	Modo de Conducción Continua (MCC)	Modo de Conducción Discontinua (MCD)
Relación entre tensiones	$$V_o = V_d \frac{D}{1-D}$$	$$V_o = V_d \frac{D}{D_1}$$
Rizado de corriente por la bobina	$$\Delta i_L = \frac{V_d}{L} DT = \frac{V_o}{L}(1-D)T$$	$$\Delta i_L = \frac{V_d}{L} DT = \frac{V_o}{L} D_1 T$$
Corrientes máxima y mínima por la bobina	$$i_L^{min} = I_L - \frac{\Delta i_L}{2}$$ $$i_L^{max} = I_L + \frac{\Delta i_L}{2}$$	$$i_L^{min} = 0$$ $$i_L^{max} = \Delta i_L$$
Relación entre corrientes a la salida y por la bobina	$$I_o = (1-D)I_L$$	$$I_o = \frac{D_1}{D} I_s = D_1 \frac{\Delta i_L}{2}$$
Corriente media por la fuente de entrada	$$I_s = DI_L$$	$$I_s = D \frac{\Delta i_L}{2}$$
Rizado de tensión a la salida	$$\frac{\Delta v_o}{V_o} = \frac{DTI_o}{CV_o} \text{ si } i_L^{min} - I_o \geq 0, \text{ si no:}$$ $$\frac{\Delta v_o}{V_o} = \frac{(i_L^{max} - I_o)^2}{2CV_o \Delta i_L}(1-D)T$$	$$\frac{\Delta v_o}{V_o} = \frac{(\Delta i_L - I_o)^2}{2CV_o \Delta i_L} D_1 T$$

Figura 18.3 Formulario convertidor reductor-elevador.

Convertidor Ćuk		
Modo de funcionamiento	Modo de Conducción Continua (MCC)	Modo de Conducción Discontinua (MCD)
Relación entre tensiones	$$V_o = \frac{V_d}{1-D}$$	$$V_o = \frac{V_d D}{D_1}$$
Rizado de corriente por la bobina	$$\Delta i_{L_i} = \frac{V_d DT}{L_i} = \frac{V_o - V_d}{L_i}(1-D)T$$	$$\Delta i_{L_i} = \frac{V_d DT}{L_i} = \frac{V_o D_1 T}{L_i}$$
Corrientes máxima y mínima por la bobina	$$i_{L_i}^{min} = I_{L_i} - \frac{\Delta i_{L_i}}{2}$$ $$i_{L_i}^{max} = I_{L_i} + \frac{\Delta i_{L_i}}{2}$$	$$i_{L_i}^{min} = I_{L_i} - (D+D_1)\frac{\Delta i_{L_i}}{2}$$ $$i_{L_i}^{max} = I_{L_i} + \left(1 - \frac{D+D_1}{2}\right)\Delta i_{L_i}$$
Relación entre corrientes a la salida y por la bobina	$$I_o = I_{L_2}$$	$$I_o = I_{L_2}$$
Corriente media por la fuente de entrada	$$I_s = I_{L_1}$$	$$I_s = I_{L_1}$$
Corriente media por el diodo	$$I_{ak} = (1-D)(I_{L_1} + I_{L_2})$$	$$I_{ak} = \frac{D_1}{2}(i_{L_1}^{max} + i_{L_2}^{max})$$
Rizado de tensión a la salida	$$\frac{\Delta v_o}{V_o} = \frac{T\Delta i_{L_2}}{8CV_o}$$	$$\frac{\Delta v_o}{V_o} = \frac{(i_{L_2}^{max} - I_o)^2}{2CV_o \Delta i_{L_2}}(D+D_1)T$$

Figura 18.4 Formulario convertidor Ćuk.

Convertidor Bidirecional	
Relación entre tensiones	$V_2 = \dfrac{V_1}{1 - D}$
Rizado de corriente por la bobina	$\Delta i_L = \dfrac{V_1 DT}{L} = \dfrac{V_2 - V_1}{L}(1 - D)T$
Corrientes máxima y mínima por la bobina	$i_L^{min} = I_L - \dfrac{\Delta i_L}{2}$ $i_L^{max} = I_L + \dfrac{\Delta i_L}{2}$
Relación de corrientes en el terminal 2	$I_2 = -I_L(1 - D)$
Relación de corrientes en el terminal 1	$I_1 = I_L$

Figura 18.5 Formulario convertidor bidireccional.

Índice de Figuras

Bibliografía

[1] N. Mohan, T.M. Undeland, and W.P. Robbins, *Power electronics: Converters, applications, and design*, Power Electronics: Converters, Applications, and Design, John Wiley & Sons, 2003.